数字媒体艺术创新力丛书
Digital Media Artistic Innovation Series
宗诚 丛书主编

USER

用户界面设计

■ User Interface Design

杨兆明 主编　　毛彤 王爽 副主编

化学工业出版社
·北京·

内容简介

当今多种设备终端并用的环境对用户界面设计提出了更高的要求，用户界面设计不仅需要考虑不同大小的屏幕尺寸，同时还要呈现出统一的风格和完善、合理的功能需求。本书从信息构架的梳理与建构、界面设计的形式表达、屏幕的物理特性等角度对用户界面设计的方法进行了梳理。本书将视知觉的基本原理与设计思维、用户的使用体验相结合，意在探索更合理、好用的设计方法，使读者能更全面深入地理解用户界面设计。

本书适合高等院校艺术设计相关专业师生阅读和使用，也可作为设计爱好者的参考用书。

图书在版编目（CIP）数据

用户界面设计 / 杨兆明主编；毛彤，王爽副主编 . —北京：化学工业出版社，2022.7（2023.10重印）
（数字媒体艺术创新力丛书 / 宗诚主编）
ISBN 978-7-122-41270-6

Ⅰ . ①用… Ⅱ . ①杨… ②毛… ③王… Ⅲ . ①用户界面－程序设计 Ⅳ . ① TP311.1

中国版本图书馆 CIP 数据核字 (2022) 第 067936 号

责任编辑：徐 娟　　　　　　　　　装帧设计：吴宛亭　靳滋淇　梁龄方　徐海博
责任校对：边 涛　　　　　　　　　封面设计：朱昕棣
文字编辑：蒋丽婷　陈小滔

出版发行：化学工业出版社（北京市东城区青年湖南街 13 号　邮政编码 100011）
印　　装：北京瑞禾彩色印刷有限公司
710mm×1000mm　1/16　印张 10½　字数 200 千字　　2023 年 10 月北京第 1 版第 2 次印刷

购书咨询：010-64518888　　　售后服务：010-64518899
网　　址：http://www.cip.com.cn
凡购买本书，如有缺损质量问题，本社销售中心负责调换。

定　价：68.00 元

丛书序

进入 21 世纪，科学技术领域推陈出新的速度更加迅速，新科技、新技术、新领域、新方法不断地被应用于生产、生活中。新的科学技术加速了信息传播的速度，改变了信息传播的载体，更新了信息传播的形式，同时也改变了人们的生活方式、阅读习惯等。数字媒体艺术专业在这样的时代背景下应运而生，其为艺术设计领域的新兴专业，研究领域涵盖了设计、艺术、科技等前沿领域，适应时代趋势下科技与艺术领域结合的人才的培养方向。

在互联网技术迅速发展的大环境下，有科学技术的支持，数字媒体艺术有了更大的发展空间。数字媒体艺术创新力丛书的宗旨是在数字媒体艺术日趋繁荣的市场背景下，培养适应市场经济需求和科学技术发展需要，能从事数字媒体艺术与设计行业的相关人才。本丛书此批共包括四个分册，分别为《信息与服务设计》《动态图形设计》《数字影像艺术设计》《用户界面设计》。这些书从新媒体设计的领域着手，研究并发展出具有独立审美价值的、有时代特色的新艺术形式，基于各种数字、信息技术的运用，引导读者创作出具有时代特色、重创意的艺术作品。为更好地表达动态有声案例，本丛书提供配套二维码数字资源和电子课件，植入书中相关讲解部分，以更好、更全面、更直观地展示案例或者拓展内容。

数字媒体艺术虽为新兴的专业方向，但时代的发展需求和科学技术的不断革新，对数字媒体艺术专业不断提出了新的要求，创新是唯一出路。本丛书从数字媒体艺术专业领域着手，本着"四新"的原则进行策划与编写，即创新教学观念、革新教学体系、更新教学模式、刷新教学内容。本丛书从基础到进阶、从概念到案例、从理论到实践，深入浅出地呈现了数字媒体艺术相关方向的知识。丛书的编者们将自己多年来教学经验进行梳理和编撰，跟随时代的步伐分析和解读案例，使读者能够学会思考设计、理解设计、完成设计、做好设计。本丛书的编者主要来自鲁迅美术学院、辽宁师范大学、大连工业大学、海南大学、大连大学、沈阳理工大学、塔里木大学、东北电力大学等院校，既是一线的教育工作者，又是科研型的研究人员。编者在完成日常教学和科研工作的同时，又将自己的教学成果编撰成书实属不易。感谢读者朋友们选择本丛书进行学习，如有意见和建议，敬请指正批评！

宗诚

2022 年 2 月

前言

随着人工智能时代的到来，用户界面（UI）设计作为不可或缺的一个重要环节，在整个交互过程中变得更加具有时代的重要意义和价值。无论是以触摸为主的实体用户界面，还是以视知觉为主的虚拟用户界面，甚至是在以声音、光线、温度等更加宽泛的感知维度为主的交互开发中，作为人机交互的接触通道——用户界面，都会是不可或缺的重要组成部分。同时，这些多重的维度也突显了其跨专业、跨学科的整合趋势，以及全面、专业、高素质的跨学科优秀设计人才培养的社会需求。

在视觉传达设计教学中，用户界面设计作为一门设计课程已经有二十多年的历史，并且随着数字科技的进步和发展，其内容的迭代更新也不断加快。编者在结合多年的教学和实践经验之上，以全面的视角来分析用户界面设计。本书共七章：第一、二章通过概述交互设计的历史演变来分析用户界面设计与整体的交互程序之间的关系，进而总结出与用户界面设计相关的影响因素，这些显性和隐性的影响因素涉及心理学、生理学、社会学、计算机科学等多个领域，为用户界面设计带来诸多的衡量标准；第三、四章以交互设计的功能需求作为导向，运用系统的方法论来探讨信息传递的逻辑关系和整体框架的搭建，并通过导航栏在整个交互程序中的关键作用体现出来；第五章从用户界面设计的视觉表达出发，探讨在用户界面设计中各个视觉组成要素的设计方法；第六章从交互终端的属性出发来探讨其物理属性与用户界面设计之间的关系；第七章以用户的体验为着眼点来检验和把握用户界面设计，通过用户的反馈来修正和完善整个设计过程。通过本书可以使读者对用户界面设计形成清晰的、全面的认识。同时，本书的大部分插图来源于教学实践，借此来加强本书的实用性。

本书由杨兆明任主编，毛彤、王爽任副主编，参加编写的还有宗诚、刘亚璇、张融雪、白新蕾、刘骁、孙一男、刘丹、董平。在此特别感谢为本书提供宝贵意见及插图的参编教师和鲁迅美术学院视觉传达设计学院 2019 级的相关同学。最后，本书为拓展数字内容，还提供了大量的用户界面设计案例供读者参考。由于编者水平有限，疏漏与不足在所难免，敬请指正。

编者

2022 年 1 月

目录

随书附赠资源，请访问化学工业出版社官网（https://www.cip.com.cn/Service/Download）下载。在如图所示位置，输入"41270"点击"搜索资源"即可进入下载页面。

资源下载

41270　　搜索资源

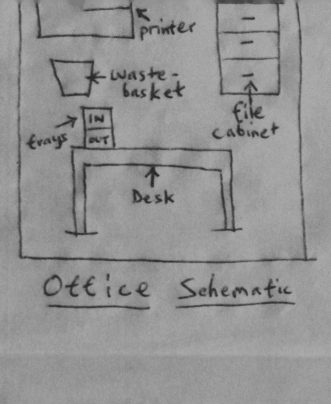

printer

waste-basket

file cabinet

trays IN OUT

Desk

Office Schematic

PRINT, FILE, DELETE, MAIL

↓

all are inter-doc
actions

—"—

INTRA-DOC we cut & Paste
physical metaphor
whats analog for
INTER-DOC ??

Grab & Move !!!

01

第一章

交互设计与用户界面

About
Interaction Design and UI Interface

第一节　沟通技术和用户的操作界面

伴随着计算机应用的个人化、大众化、普及化，以及随之不断加深的拓展应用，用户界面（UI）成为人与计算机科技交互过程的重要接口，成为实现高新技术向大众普及、应用、转化的窗口。从最早的领先于苹果和微软的 Star 屏幕图形操作界面设计（图 1-1），一直到现在种类繁多的移动设备及系统应用，它们都是在科技迅猛发展的时代中，立足于人性化的设计观点来改变人类的生存空间，使科技更好地为人类服务。

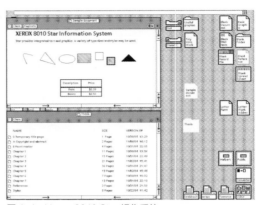

图 1-1　Xerox 8010 Star 操作系统
注：1981 年美国施乐推出"施乐之星（Xerox Star）"电脑，其操作系统为 Xerox 8010 Star。

高新技术的产生、发展及普及应用往往会经历三个阶段。首先，在技术的研发阶段，技术的开创者不会考虑技术层面的操作难易程度，而将重点放在技术本身的实际功能和效用方面。随之可能导致该技术使用的难度加大，以至于无法面向大众的情况出现。即便这样也不会降低他们的研发热情。其次，UI 设计师面对的就是高新技术的转化应用，对应相应的专业化的技术应用范畴。在这一环节中，重点放在从高新技术转化为实际生产力的过程中所涉及的一系列经济效益层面上的问题。生产商和尖端消费者往往同时看中技术的高难特点，希望通过新颖奇特的高新技术博得眼球。生产商将其市场化来发展自己在新兴产业中的优先行业地位，创造更高的商业需求及商业价值。同时，新技术的爱好者希望得到更加普惠的价格、更好的特殊效能以及售后服务等。最后，对于大众消费者终端来讲，大众消费者普遍关注这些高新技术可以带来什么样的服务，而对于技术本身的专业含量不感兴趣，也不愿意花费大量精力和时间去研究学习操作的相关事宜。使用终端面对的是广大消费者，而消费者运用这些高新技术也仅仅是为了更加完美地匹配日常生活需求。他们不愿意购买给自己添麻烦的产品——不好用就不买。因此，这种趋势及需求的环境，给 UI 设计行业提出了很大的挑战。

UI 设计一方面是与背后的支撑技术直接相连，充分地发挥技术的优势；另一方面是直接与大众相连，在面对广大消费者的基础上，努力让技术发挥作用的同时降低操作难度，使其变得更加便利，从而得到更广泛的认同。所以 UI 设计的关键在于：如何通过 UI 设计使产品便于操作，且更好地满足需求。UI 设计师的使命也就在于此。

既要考虑人性化的设计基础，又要立志于服务广泛的使用者，最终的衡量标准就是让大众以最快的速度掌握操作的基本原则。如果 UI 设计不能满足这个基本需求，即便再新颖的设计也会面临失败的厄运。

以下两个角度对于衡量 UI 设计成功与否至关重要。

一、从功能面到社群面

"可用性"是我们针对 UI 设计提出的第一个标准，其真实的重要价值在于我们的设计对于大众是否真的有用。衡量这一标准必须从设计本身出发，才能找到切合大众需求的设计形式及实质性的效益。

另外，除了满足需求与功能以外，还涉及很多方面。比如：随着时间的推移，计算机逐渐渗透到我们更加广泛以及细微的生活之中。使人感兴趣的不仅是技术本身所能提供的功能与服务，而且同时伴随着其他价值的涌现。这些价值有涉及审美层面的、心理层面的、生理层面的、应用体验层面的……在这一相互交叠的推演过程中，大众对交互产品的选择不仅取决于消费者个人的主观判断，而且他人的价值判断也会影响消费者本人。较之这种社会的象征性，有时远远超过功能性的力量。

交互设计本身具有"隐性"和"显性"的双重含义。从表面看来，一个 UI 设计可能已经非常直观地传达出它本身的用途及操作方式。同时，其美学的价值及其背后的社会人文价值则是另外一套隐性的概念表达。这是两种截然不同的价值判断体系，每个使用者都能切身体会到这两个范畴的差别。对于 UI 设计师来讲，满足功能的需求似乎可以通过标准和范式的植入使自己的工作得到合理的改善与提高，但是关键在于功能面之外的素养如何解决与提高。如何将这种隐性的表达置于产品与大众的多层次交互体验之中，来丰富这一对话过程，使 UI 设计师的设计作品免于落入不受欢迎的窘境，甚至失去用户的败局，是问题的关键。

交互设计通过人与机器的对话来满足实用性，并在此基础之上构建出使用者的满足感。接下来的目标就是构建群体性的应用推广和集群，即交互设计的社群化。如果一项交互设计不能为使用者提供一个兼具工作和休闲的社群化平台，就如同降低了大众的社会网络活动标准，进而减少了人际社会化的程度，渐渐失去了便捷的大众人际关系脉络，这样的后果必然导致失败。所以，交互设计应该能够强化社会交际网络，让所有年龄层次的消费群体都有机会便捷地加入进来，更大范围地融入大众社群。

二、优良的交互设计系统

对于用户来讲，他们很难在敲击或触摸键盘、屏幕显示的画面与主机运作之间构建出合理的连接。相反，这种连接需要交互设计师用他们的作品来给出一个合理的解释。这种视觉可视为主的交互界面为用户提供了有形的结构，进而缩减了我们周遭的实体世界与计算机虚拟世界之间的距离，突显了 UI 设计的价值。所以我们需要用这个清晰、具体的模式来与计算机进行互动。

下面讲一下如何评判交互设计。

① 对于一个优良的交互设计，必须具备相应的回应动作及信息来呼应用户，使用户明确他们刚才执行了什么动作命令，并且结果如何。这种回应包括屏幕显示的确认动作以及指尖敲击或触碰键盘时传出的轻微回应声响。以声音作为回应丰富了交互体验过程，这比单独依靠视觉来进行确认增加了便利性和准确度，使用户的操作更有效率。

② 交互设计中的"引导性"设计也是必不可少的，这种引导性设计主要以视觉为基础在屏幕上直接显现出来。当用户操作界面时，首先就是明确自己在整个交互框架体系中处于什么位置，如何做才能实现自己的目的，同时屏幕提供相应的需求回应，让用户知道如何进行具体的操作以及点选，并能实时得到相应的反馈和执行的结果。

③ 交互体验中的"一致性"至关重要。同样指令在不同的用户应用环境下应具备相同的结果，同时在系统内部的响应也是相同的。这样的目的是为所有用户提供一个具有一致功能的、美观的且令人满意的交互体验过程。在这一目标下，数据库所接收的指令和文字处理器所接收到的信息完全匹配。同时，用户可以通过相关的按钮回到上一层的操作空间，在交互体系中创建清晰、明了的逻辑结构及路径体系，减少操作的失误，避免用户陷入混沌的状态。

所以，优秀的交互体验并不会使用户花费大量时间用于理解和掌握交互体验的执行方式和操作技巧。在生活中，我们面对太多生活化的智能配备交互应用体验，我们不可能也不需要花太多时间用于操控它，我们关心的只是应用它可以完成什么任务。用户这种直觉式的互动动机就要求 UI 设计师必须将操作时的负担减少到最低限度，让用户更专注于最终目的，而不需要加重使用者的精力投入。

当交互设计团队设计一个智能操作系统时，外观的设计不是唯一重要的关注点，更多的注意应该放在怎样使它更合理地运作上。并且在通常情况下，交互设计可以更好地协调和组织用户和计算机之间的互动体验及质量评估，以此来强化 UI 设计师的职业价值。同样，这些价值会通过用户感知直接呈现出来。当用户在移动鼠标或触碰屏幕时，操作是否顺手、设备回应是否敏捷、是否会出现回应的声音、视效等相应的信息内容是否同步跟随，同时信息的反馈是否与用户的心理预设一致，所有的这些细节都是衡量交互体验必不可少的标准，共同在为用户营造精致体贴的、独一无二的交互体验过程中发挥作用。因此，在交互体验中，用户所看到的、所听到的及所感受到的全部信息都是通过 UI 设计师的工作来体现的。培养这些素养和能力对于 UI 设计师来讲是至关重要的。

第二节　交互设计的发展

一、鼠标与桌面系统开发

1. 鼠标

鼠标的应用和完善不是突如其来的革新，而是一个不断进化的推进过程。早期鼠标的应用形式非常广泛，比如光学笔、光标键、操纵杆控制器、轨迹球等，这些产品都是用来在屏幕上进行一系列的点选任务而进行研发的装置。对于比较以后脱颖而出的鼠标来讲，它们在用户体验、便捷性和灵敏度上都略逊一筹。

鼠标的发明者是道格拉斯·恩格尔巴特（Douglas Engelbart）。他将弧线的测量计算与沿着轴心运动的滑轮装置关联起来，将这种复杂的测量方法用在创建计算机屏幕点选工具上是非常高效的，由此世界上第一个鼠标被研发出来（图1-2）。在这一创新过程中，他们团队将大量时间用在思考如何将新兴的尖端科技模式应用在当下急需的创新设计上，进而来更好地满足市场的需求。这个话题对于今天的设计师同样重要，设计背后的支撑是先进的生产力，以及前沿的科技成果转化。设计师如何与科学家更好地互动已经成为设计创新至关重要的环节。

在鼠标发明之前，恩格尔巴特曾经在斯坦福研究中心承担相关问题的研发工作，也曾经为 NLS 系统研发出一款点选文字的编辑器。后来这项技术随着他加入施乐（Xerox）公司之后，被成功地用在了图形用户界面计算机——Alto 的应用技术和主要设计中（图1-3）。这些为恩格尔巴特最终发明鼠标打下了坚实的基础。这个文字编辑器由于运作速度快、直接操控简便、用搜寻和选取等模式代替用户重复输入等特点而大受欢迎。而

图 1-2　鼠标的发明者道格拉斯·恩格尔巴特及第一个鼠标

对于大众而言，这种全新的互动体验模式开启了更多没有相关专业背景的新手也可以很快上手的局面，这种优势也激励了程序设计师们更加坚定地继续沿着这条路线前进的动力，催生了像蒂姆·莫特（Tim Mott）和拉里·特斯勒（Larry Tesler）这样有着探索精神和梦想的设计师。他们使得文字编辑器与版面配置系统配套应用成为现实。

同时应用位图显示的 Alto 界面成为另一个显著的创新点，它的计算优势更加便于图像的呈现。它的原理是利用黑色和白色的点对图像进行分析和解读，并对其进行任意的组合构图，形成近似的视觉表达。从

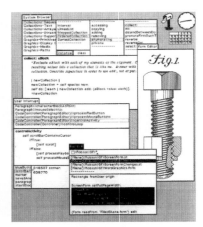

图 1-3　Xerox Alto 界面设计

此，用户有机会将传统图像及相应的印刷设计加载到计算机上来。在位图显示下，计算机屏幕可以呈现出几乎与印刷版本相近的视觉效果。不同的是它们的分辨率，位图的分辨率是 72 像素，相当于印刷品网点密度的 1/3。

2. 桌面系统

蒂姆·莫特曾经就职于施乐帕洛阿尔托研究中心，期间他曾经着手为施乐的附属企业（Ginn 出版社）设计一套桌面出版系统。这套系统的设计理念是以"办公室场景"为参照，将此概念注入桌面系统的开发设计之中，便于用户直接通过依靠鼠标的移动和拖拽动作在屏幕上操控所有文件，进而编辑和展示文件信息。同时，有趣的是该套系统同时模拟了办公室中的"档案柜"和"垃圾桶"等物品的实际功能，通过相关的概念转化应用到桌面系统之中。另外，日历、时钟以及收寄电子邮件的信箱都一同转化来。有了这样的探索基础，帕洛阿尔托研究中心开始着手开发运用图形、图标进行沟通的用户桌面设计系统。在这一研发过程中，程序设计师们采取了一系列非常规的研发方法，比如通过与大众访谈、进行想象式引导、实景模拟与测试等方法探讨设计与整合的可能性。最终将图标设计引入桌面系统中，建构出全新的交互体验模式。

（1）引导式幻想研发。蒂姆·莫特是引导式幻想研发的开创者（图 1-4）。这是一个以使用者需求作为研发基础的想象开发模式，我们可以想象一下：在没有屏幕显示以及特定的程序运作的情况下，将使用者（编辑）带到键盘和鼠标面前，请他们运用自己的想象来设想工作时所需要计算机实现的一切功能，从而帮助研发者构想出所必需的硬件执行编辑程序及软件交互界面，进而开发和引导使用者在完成工作过程中的所有内在需求。

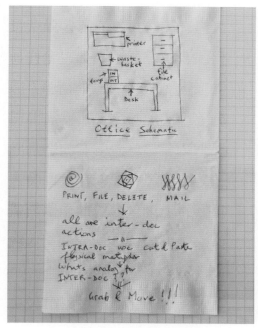

图 1-4　设计师在餐巾纸上勾出的草图

当时施乐公司的计算机系统并没有 UI 设计，而是以工具箱的形式进行操作的。根据不同的应用环境，使用者创建出自己想要的应用程序环境及相应的功能配备。研发团队在帕洛阿尔托研究中心原有的文字编辑器 Bravo 的基础上进行拓展，并置入全新的用户界面设计形式——Gyspy。它有以下特点：首先，以拖拽的方式选择文字是 Gyspy 的首创；其次，连续双击鼠标就进入了"剪贴"；然后是对话框窗口的设计和置入，其允许用户将一个字段的指令输入其中；同时，Gyspy 可以提供多种版本的界面形式的数据库目录供用户选择，还可以运用加粗、斜体和加底线等方式强调重点信息，以及运用拖拽的方式或点选前后位置完成文字编辑；最后，其重点是如何运用和加强图像在系统中的运用，完善多种图像置入的设计编排工作。Gyspy 基于两部分开发应用——文字编辑和图像编排，如何完善图像设计编排系统成为后期工作的重点。

在提升用户界面的过程中，不仅要考虑文字与页面的呈现形式，同时还要考虑如何使符号、图像与整个文件操作功能需求相匹配，且形成档案资料储存起来以备后用，这样一个整体协调的工作体系如何植入计算机成为工作的重点。解决的灵感依旧来源于现实的工作环境。比如在办公室中，我们如何将文件归档？首先我们要整理档案柜，再把档案文件进行有逻辑性和条理性的归类存放；同时如果要复印，就要用到复印机；如果有丢弃不用的东西，就要将它们扔进垃圾桶内。这样的一系列需求都可以被转成图标进行一一对应。所以对应的图标——档案柜、复印机、打印机、垃圾桶纷纷登场。最后，我们回到这个模拟设计的目标上来，最重要的是我们可以通过再设计，让全部文件可以通过鼠标选取的形式在屏幕上自由移动。在这个虚拟的空间中，我们不仅将其视为一个桌面，而且会成为办公室里移动档案一样的场景。同时，像现实的环境一样，桌面上放着一些常见的物品，如日历、时钟、邮箱等。将这些概念用简洁的平面图示表达出来，成为一种全新的突破。

（2）桌面功能的延展。基于 Gyspy，图标阐述系统（Iconic Naming Systems）相关设计领域的全新价值被重新发掘，进而空间式档案归档系统被描绘成是一个充满抽屉式档案柜及文件夹的形态。在这一阶段做出突出贡献的是多项桌面功能发明者拉里·特斯勒。

参与式设计开启了交互设计的全新研发方向，继而与使用者合作的模式成为工作的主要组成部分。充分让使用者明确和了解工作中所需的相关问题，然后根据需求进行开发应用新的使用程序，可以使交互设计事半功倍。

同时，积累的经验暗示了未来发展方向的极大可能性，就像当时科学家们预测的那样，图标将广泛地运用在未来的交互系统中。图标可以非常轻松地传递一个概念，这种概念可以不需要阅读大量相关文字便可大致理解其中的含义。我们将符号学应用在交互设计之中，运用图示的"能指"功能来更加灵活方便地表达"所指"的具体含义。

在这一阶段，关于用户桌面系统还进行了大量其他方向的拓展工作。比如在帕洛阿尔托研究中心的 Smalltalk 系统开发中，设计出了 Mini Mouse 文字编辑程序。用户可以只用单键鼠标，通过双击、剪切、复制、粘贴及光标实现更加丰富的交互体验，为文字编辑及图像排版创作了全新的模式。

随后，苹果公司也开始组建自己的桌面设计发展部门。在 Lisa 系列产品的研发中，交互界面应用了滚动式的功能选项、对话框以及运用单键鼠标进行简化操作的尝试。这些设计应用一直被沿用至麦金托什概念机种（MAC）及后期的图形用户界面设计之中，引领桌面交互虚拟设计进入新纪元（图1–5）。

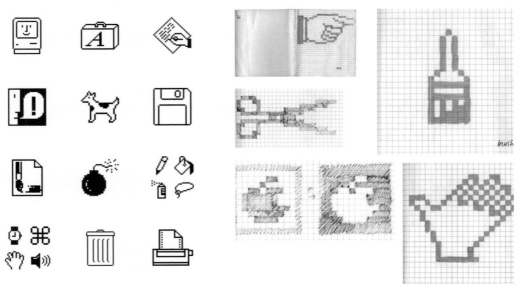

图 1–5　设计师苏珊·卡雷（Susan Kare）为苹果公司设计的各种图标及草图

二、个人计算机时代

桌面系统的开发和鼠标的应用为计算机个人化提供了前提和基础。苹果公司的 Lisa 和 MAC 产品设计，以及微软鼠标与 MAC OS X 桌面系统设计结合，这些关键的进展共同催生了计算机个人化时代的进程。当时的发展脉络主要有两条：一条是以打字功能为主的低价路线——承接打字机的传统，以 IBM（国际商业机器公司）个人电脑为代表；另一条是以新兴的图标桌面系统与高性能鼠标功能紧密结合的高价路线——苹果公司的崛起为代表。在此阶段，虽然苹果公司早已经取得了施乐鼠标的使用权，但是由于其成本过高而无法直接量产，直至苹果公司自行研发鼠标成功之后才为公司发展真正带来红利。

1.20 世纪 80 年代桌面设计的进展

交互式计算始于 Whirlwind 这种超级计算机机种的研发，其中相关联的交互设计主要有两个接口：一个是以打字功能作为主要营销策略的低价大众路线；另一个是针对屏幕及相关点选工具之间的交互式接口，这种交互形式成为人性化计算机交互设计的主要范式。起初这两条路线平行发展，IBM 个人电脑首先取得最初胜利而大受欢迎，后来随着图形界面成为主流，即当 Window 3.1 问世，高价路线开始占领上风（图 1-6）。

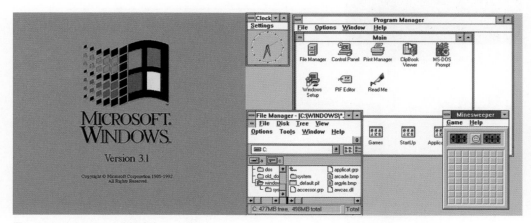

图 1-6　Windows 3.1 及界面设计

高价路线从鼠标的广泛应用开始。交互设计师在 Whirlwind 与图像用户界面之间建立关联，并且通过点选工具的操作使用户可以灵活地操作菜单上的指令，进而改善以往需要记忆计算机指令的困扰。这项技术大大减轻了用户的操作负担。对于产品设计来讲，起初，鼠标与桌面的结合是面向大众的高价的终极产品。摩尔定律是对未来技术的发展带有预言色彩的推断，随着时间的推移其预测不断在现实中得到印证，这给个人电脑的普及带来巨大的技术支撑和价格优势，使个人电脑的价格不断刷新大众的认知。

2. 苹果公司的 Lisa 与 MAC 系列产品

苹果公司旗下的 Lisa 与 MAC 系列产品与之前的施乐公司的 Star 有着的全新界面和交互体验感受（图 1-7、图 1-8）。Lisa 是苹果公司的低阶版，主要以文件处理为基础；MAC 是苹果公司的高阶版，主要以应用程序为基础。它们的界面性能都非常优异，创新之处非常显著：标题栏与下拉式菜单的设计形式几乎一直沿用至今，为交互设计打下了非常可贵的坚实基础。

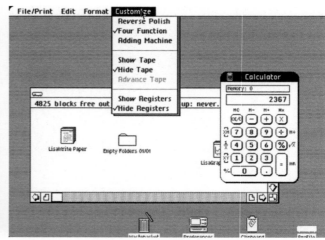

图 1-7　1983 年苹果公司发布的 Lisa 电脑广告

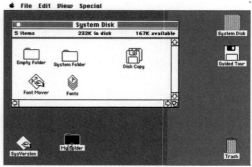

图 1-8　MAC 电脑宣传广告，屏幕中的"hello"就是用 MacPaint 画出来的

3. 微软公司的 Windows 系统

从视觉设计的角度来讲，微软公司要比苹果公司稍稍逊色一些，但是微软公司的 DOS 操作系统具有很强的优势。尤其是在以往的经验和积累之上，Window 3 的性能得到了大幅度的提升。到 Window 95 问世时，微软公司已然成长为行业领先。其鼠标和桌面也成为个人电脑的主流趋势。

三、电脑多样化

1. 便携电脑

GRiD 是 20 世纪 80 年代初异军突起的新公司，1982 年推出了全球第一台真正意义上的便携式电脑——GRiD Compass。其成功得益于计算机零部件尺寸的逐渐缩小，以及平面显示器、微处理器与不变性存储器的整合，这些技术是支撑便携式电脑研发的关键，使得产品可以被装进公文包里。屏幕是夏普生产的 6in(1in=2.54cm，下同) 的平面显示器，支撑位图和文字。同时由于电池的原因，早期产品质量约 3.6kg（图 1-9）。

2. 平板电脑

1989 年秋，GRiD 公司推出 GRiDpad，成功地占领了平板电脑的市场。早期的平板电脑与输入笔搭配使用，具有手写与画图的双重功能。同时，笔输入式交互界面可以快速浏览菜单并进行点选；笔尖被设定为 8 个不同的操作方向，可以拖拽、移动屏幕上的菜单栏。

输入笔的设计可以使用户一只手操作计算机，而另一只手用来手持计算机。这样完全解放了人们应用计算机的固定状态，使应用变得更加灵活，且便于融入社交活动之中。另外，这种笔触式的便携电脑尝试模拟出真实的纸张与笔之间的操作关系，并结合数字技术的特点及优势，使得手的活动和表达更加灵活，形象可直接被记录下来。直接在屏幕上进行操作，也使得大脑与手之间的配合更加流畅，更容易激发使用者的创造力。

3. 掌上电脑

可以放在口袋中随身携带的小型计算机是研发掌上电脑的初衷。根据摩尔定律的预言，这个想法慢慢得以实现。在 20 世纪 80 年代末，人们普遍用 PDA（Personal Digital Assistant）来形象地称呼这种掌上电脑。80 年代末 90 年代初，卡西欧、苹果、索尼公司竞相推出个人掌上电脑"Zoomer""Newton""General Magic"。随着市场的开发，问题逐渐集中在产品的尺寸、价格、同步化、速度这四个方面。Palm Computing 的 PalmPilot 掌上电脑（图 1-10）以

图 1-9　GRiD Compass 计算机生产原型　　　图 1-10　PalmPilot 掌上电脑

独特的界面设计和优异的性能成为市场的新星，其手写辨别软件 Graffiti 运用接触式输入笔输入，根据人们书写时思考的过程来预知动作的因果关系。同时，开发快速书写的可能。

PalmPilot 界面设计有以下几个特征：160 像素 ×160 像素单色屏幕；常规字体采用 7 个像素的大写字母来使信息尽量清晰；将所有功能归类至按键菜单之中；为了快速获取数据，将页面功能选项及操作步骤尽量简化；常用的功能放在首页上，其他功能编入一级菜单中。

随着技术的发展，产品不断迭代升级，型号、产品造型、厚度和性能也不断优化。同时可以外扩无线上网扩充卡及摄影功能，并且与手机合为一体。加之电子邮件与网络功能的开发，使其成为科技时代的先锋。

四、周边产品开发

1. 数码相机

数码摄影不仅取代了传统的底片及冲洗技术，广泛地平衡了专业人士和大众的需求，而且给整个产业带来了彻底的转换和冲击。数码相机不仅是本身技术的大变革，还是后端服务的彻底性调节及全新的消费生态。柯达公司是数码摄影行业的先锋。

产品外观上，数码相机的机身背面增加了用于预览的交互屏幕；技术上，还增加了动态摄影及声音功能。虽然早期的录制时间极短，但对于使用者来讲，数码相机的操作已经变得更加复杂了。在早期的"交互架构"搭建中，设计师希望通过相机来带动其他相关产品的拓展。比如照片可以用电脑软件再次进行创意编辑，照片的展示可以通过电视、手机、计算机、电子相框等屏幕进行分享。这样就建立了一个以相机为中心的全新系统。

2. 数码打印

施乐公司早在 20 世纪 80 年代就提出了一套完整的数码影像输出策略：色彩分析、交互式触控屏幕、问题诊断程序。系统提供问题诊断动态指导包括指导用户如何更换墨盒及处理卡纸等问题。数码打印逐渐个人化，并成为整个行业发展的标准范式。

3. iPod

苹果公司 iPod 的价值在于将交互性的产品设计与计算机应用程序及在线服务结合起来，将科技与消费行为紧密结合在一起。简洁的造型外观极具吸引力，搭配 iTunes 交互界面，可以轻松地通过网络下载音乐到个人电脑，再转存到 iPod 中。产品良好的触觉感受也为交互体验带来了丰富的愉悦性。同时苹果公司不断升级产品服务，其在线音乐商店成为整个交互体验及培养用户相关的交互习惯的必要补充（图1-11）。

4. 游戏

交互性游戏以给人带来乐趣为价值，进而引导使用者进入学习或娱乐的状态。我们可以从虚拟世界的交互中获得类似现实生活中的体验，扩展了社交和学习的边界，也减少了随之带来的种种风险。通过科技的手段，在角色的置换中，我们也能品尝到现实中不可能拥有的体验。这些都是交互游戏的令人着迷之处。

交互游戏以玩家的兴趣、年龄、性别为分析切入点，早期开发的互动版本包括个人电脑版、游戏机版及手持装置版。不同的品牌之间会有所差别：苹果公司的产品注重游戏的教育意义，索尼公司的产品兼具质量与创意，微软公司的产品较具叛逆性，Electronic Arts、Id Software 等软件公司以网络服务器为连接，在个人电脑平台推出多人参与的交互游戏（图1-12）。

图 1-11　2001 年首款 iPod 投放市场

图 1-12　Id Software 公司于 1994 年推出的《毁灭战士》电脑游戏，即个人电脑平台以服务器为连接实现的首个双打游戏

五、智能手机的整合

手机从最初的通信工具，发展到融合数据传输、影音功能、设计服务等多维功能，兼顾网络服务与搭配应用等信息科技，可谓惊喜不断。早期智能手机的发展经历了与掌上电脑的竞争和融合阶段：掌上电脑是个人电脑的简化缩小版本，手机的交互则以通话为基础进行功能拓展。随后，手机产品之间品牌的差异化以及手机上网浏览网页的局限性都制约了智能手机的发展。

日本 NTT DoCoMo 公司率先在 1999 年 2 月推出以手机为媒介、名为"i-mode"的服务系统。它将"交易""咨询""数据""娱乐"整合在一起，分别对应"电子商务""信息内容""数据资料""娱乐内容"四大板块。同时融合多种产业、多家合作公司作为后援，创造了新的商业运作模式。运营 3 年之后，吸引了日本四分之一的人口注册。新兴的商业模式背后暗藏着整个社会生产力的转型升级，在消费者的刺激下，这种服务系统的完备成为 21 世纪之初最大的亮点。

便携式装置市场将相机、随身听、平板电脑、影音播放器与通信器材进行整合。以智能手机为便携装备的代表，在各个方面的长足发展和融合必将带来更加出色的应用体验。如今，智能手机已成为当代人生活的必需品，一切生活相关的事务都可以通过智能手机来解决，甚至不断激发新的诉求点来引导大众的消费市场。同时，与工作相关的诸多事务也逐渐并入智能手机中。反思其背后，是强大的社会整合网络在起作用，而我们当下的生活已经与智能手机不能分割（图 1-13）。

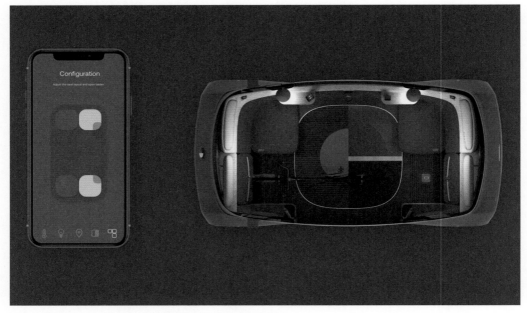

图 1-13　PriestmanGoode 公司交通工具设计：手机成为遥控器

第三节　实体用户界面和虚拟用户界面

人的感知以最初级的生理感受——感觉经验为起点，经由理性思维形式——知觉的加工之后，在头脑中形成整个感知体验。UI 设计应用的起点就是感知的生成，其进入人的大脑以及相关的意识活动之中，引发思考以及执行动机，完成用户需求。同时，用户的执行动机建立在对可感知的形式进行控制的基础之上，这就意味着用户通过相关的操控行为，可以进入以数字为基础的信息世界来完成整个交互过程。接下来我们谈一谈可感知的形式媒介。

一、图形用户界面

GUI 是 Graphical User Interface（图形用户界面）的缩写，GUI 通常以屏幕显示作为物理媒介支撑，通过诸如窗口、菜单、图标等视觉元素有机地组成一个整体传递给用户。也就是说用这些屏幕当中的有形象素单元作为感知对象与用户沟通。这些虚拟的形象是我们无法真正触摸到的，只能通过鼠标和键盘来进行操控。因此也可以将它称作"虚拟UI"，究其本质，它是通过在物理世界中将无形的内容与相关的控制器相连接，实现在数码世界中与信息的交互过程，进而通过无形的输出影响用户及相关的物理世界。且随着技术的发展和进步，这种交互性也变得更加丰富、便捷（图 1-14）。

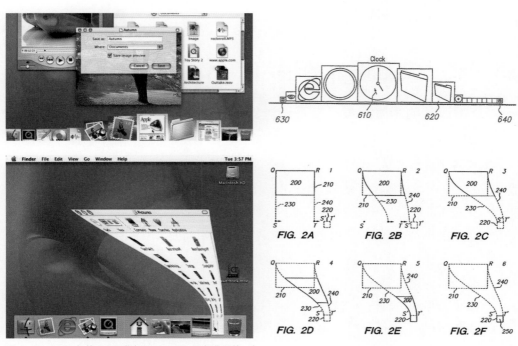

图 1-14　2000 年苹果公司发布了 Mac OS Ⅹ 操作系统

二、物理感知用户界面

TUI 是 Tangible User Interface（物理感知用户界面）的缩写，TUI 通过操控物理世界中可触摸的实体控制装置来完成在数码世界中与信息交互的整个过程，然后通过无形的输出影响与用户相关的物理世界。这种交互的形式在工业时代是非常普遍的，早期通过对物理世界的掌控，直接与物理的机械原理发生"交互"。进入数码时代以后，随着计算机的微型化以及普遍应用，提高和改进了这些领域的交互质量以及效率，甚至是革新。进而大大丰富了 TUI 的表达空间，这种"实体 UI"在新的时代下，将有形的内容与计算机紧密结合在一起，丰富了交互设计的趣味形式及交互设计师的探索方向（图 1–15）。

图 1–15　麻省理工学院媒体实验室运用纺织材料设计的迷你键盘控制器（KnittedKeyboard Ⅱ）

目前，我们虽然不能在物理空间中随意改变实体控制装置的物理属性，但是采用传感器、投影等技术形式可以直接将无形的表现模式追加在物理空间中，从而大大强化和延伸了 TUI 的感官体验。

第四节　交互设计的程序

一、从设计师的角度出发：交互设计的标准模式

1. 你怎样做

从某种角度上来讲，设计就是通过预设来规范某人做某事的步骤和方法。所以设计师应该致力于开发更加合理的体系来让大家做得更好，并通过这个目标来影响整个世界。好比一个把手的设计，可以使用户借此持续操控着实体世界；或者我们可以将其更换为一个可以自由操控的按键，让用户可以在按下按键后有时间去做别的事情。但是设计师一旦给出答案且方案通过实施，就要对自己的设计方案负责，直至给出最合理的解决方案。

2. 你如何体验

20 世纪原创媒介理论家麦克卢汉（McLuhan）将媒体区分为"模糊（Fuzzy）""冷（Cool）""明确（Distinct）""热（Hot）"四种类型。比如，最早的电视属于冷媒体，它使受众被动地参与其中，因而带来了模糊的感受和印象；然而，一本具有强烈吸引力的图书则可能成为热媒体，带着不容改变的明确性。所以以这些标准来对应交互设计，交互设计师设计出的产品应该怎样去响应使用者的需求，或以何种程度与用户产生共鸣，是值得思考的关键问题。或是将其视为用于沟通的符号，或是满怀热情的外观形象，它们都涵盖了太多的感受以及交互设计师对这个世界的一些情绪和看法，这些信息通过媒体直接得到回应。

3. 你如何表达

交互设计师面对复杂的系统设计时，除了要表述得非常清晰以外，还要多考虑是否

需要将框架展现给用户。此时最好的解决办法或许是给用户提供一张地图。如果其中涉及解决技术性的难题或是规范正确简便的操作方法等环节时，更应该及时帮用户理清头绪，并清楚明了地告诉用户具体该怎么操作。

二、理解交互设计的角度

人们对于事物的设想往往涵盖一系列相关的预设信息。在交互设计领域的实验中，关于交互的标准模式，焦点往往集中于计算机到底是什么。下面通过以下几个角度来分析交互中的计算机。

1. 智慧

用户将计算机比拟为人类的大脑，并且通过科技的力量努力使它变得像人类一样聪明、灵活，且自主。甚至是期待机器或产品变得更加智能，可以和人类的大脑直接相连，细微地察觉到人类的具体需求，并实现这些目标。

2. 工具

计算机就是我们身边的一个工具，而交互的形式就是我们与计算机对话的过程。我们将指令告诉计算机，计算机辅助我们完成任务并及时回应我们。交互设计师的任务是将这一过程转化为具体的操控行为，并且从中分析设计的效益与效力。

3. 媒介

如果我们将计算机视为一个媒介，将涉及诸多问题：如何应用这个媒介、如何规范媒介的功能、如何利用媒介来吸引大众的注意力、如何提升这个媒介在大众生活中的浏览体验、如何加强化其在大众心目中的印象……

4. 生活

交互设计的程序不是一成不变的，在应用的过程中要接受大众的检验，并且随着时间的推移而不断得到完善和调整。

5. 规则

在计算机交互的网络中存在着基础的规则体系，这种关系好比我们生活中的交通体系：公共的基础设施建设支撑着我们进行交互的前提基础。这些标准也使用户感受到交互设计所受的限制以及可发挥的余地。

6. 时尚

计算机所涉及的媒体、媒介功能使其牢牢地与时尚连接在一起，而美学的价值方向正主导着当今的时尚潮流。是它在背后驱使人们从一个时尚潮流转移到另一个时尚潮流。在交互体验中，其影响着互动表现风格和价值评判标准。

三、交互设计程序

通常情况下，设计师首先是在新点子的激发下，结合预先设定的目标及相应的设计定位展开工作；其次在设计过程中要进行对应的模拟测试，用来衡量设计本身是否可以串联起用户的动机和预设的目标这两种动机，并展开情境来协助创建它们之间的价值和意义；然后在执行工作的过程中，强化设计的概念模式，并阐明模式与表现形式之间的关联，将一切元素串联成一个有机的整体；最后重新调整、规划以及分析整体设计中的视觉呈现、技术操控以及具体规划。同样，在这一严谨的体系和实施进程中，设计师学会在错误中发现设计的动机尤为珍贵，从而在错误中不断纠正和完善设计的动机和体系。

1. 创作的动机

设计的出发点一般都是针对已然存在的问题进行调整，以便使其更好地为大众服务，这就要求设计师培养敏锐独到的观察力。我们发现问题的方式和角度也是灵活多样的，或是对现实问题的观察，或是在应用体验中的真实感受，或者是从数据的统计分析中得出的比对结果……这些都能帮助我们创建新的关联。另外，设计也可以从一个新点子出发，通过建构清晰的概念体系，实现预设的美好预期。

2. 比喻的价值与意义

比喻可以轻松地使两件事情产生关系，并将概念转移到新的事物上，易于大众接受且新奇新颖。在模拟的情境中，设计师注入独特的理念和表达的角度。这种技巧在生活中非常常见。比如在表达天气的图表中，云和闪电的搭配使得意义表述得再清晰不过了，既清晰又简洁。同时我们不需要预设太多的情境，在跨文化的背景下也可以很好地被识别和应用。

3. 模式

对于设计师来讲，为了建立起一个用户可以理解和接受的概念模式，就必须预先理解用户的思维模式。在这个前提下构建形式表达才具有意义。因为形式往往随着预设目标的内容而定，与用户最终想要完成的任务有关。所以掌握用户的思维模式是一切交互设计的前提和基础。同时，在这一过程中体会和观察用户如何从一种模式转移到其他模式，从而引导和规范交互设计的多种可能性进程。其实在这一过程中涵盖了一个概念式的认知科学，让用户在不知不觉中理解和接受完成交互和任务所需的全部信息。

4. 提供信息

通常情况下，交互设计就是连接和平衡显示功能与控制功能。用户面前的显示器及时反馈了用户操作的全部信息。作为设计师，你需要在用户的操作过程中提供全部的、相应的操作信息；同时，这些相关计算机技术的信息是相当烦琐和复杂的，设计师应该提供强大的解决方案来逾越这些障碍，规划新的操作方式和交互体验，使得交互过程变得更加轻松、愉悦。

第五节　交互设计的核心及领域

一、交互设计的核心

著名的设计理论研究学者理查德·布坎南（Richard Buchanan）曾说过："设计就是人造的概念与规划。"这一观点有助于我们探讨交互设计的核心问题。首先，我们要为这个"人造的概念"寻找出发点。而这一出发点往往以限制性的制约条件作为契机，并针对其限制性寻找对应的解决之道。所以首要的问题就是弄清楚问题的究竟，以便查明所有影响结果的可能性；其次，从中发现并创造尽量多的解决问题的办法；然后，运用直觉及相关知识及经验，对方案做出判断和选择；再次，将设计构想进行可视化的表达及雏形设计；最后是对设计进行评估以及进一步修正之后，才有可能将设计应用推向大众。当然，对于设计来讲，这个整体环节是一个开放的、循环的、更新的体系，其可持续的发展会随着时间的推移而不断朝着合理的方向升级转化。

二、隐性知识

显性知识是直观展现出来的相关知识；隐性知识是那些没有直接表现出来的，但是对事物的属性建立与发展起到至关重要作用的应用知识。在设计中，隐性知识和显性知识经常是同时显现、同步发生的。尤其是在交互设计中，用户的交互行为夹杂着更多的潜意识成分，这些潜意识会引导用户一同参与到直觉的反应之中。对于交互设计师来讲，在显性知识的框架上掌握这些隐性知识就显得尤为关键了。

交互设计师工作的重点是使用户更加直接、准确、高效地接受影像与信息，以及运用视觉元素来提高交互的质量，通过实践与经验的积累，不断丰富自己的隐性知识。这些隐性知识涵盖了与人相关的多种学科，包括人体测量学、生理学、心理学、社会学、人类学、生态学……这些知识建构了一个开放、交错的架构体系。

1. 人体测量学

人体测量学是关于人类身体特征及参数体系的学科，涉及不同种族、体型、性别、年龄特征及参数设定。随着工业设计的发展，其与设计的关系也不断得到重视和加强。这些关于人本身的物理特性在交互设计中的影响非常深远，直接关系到交互环境的展开以及具体方案的制定及实施。

2. 生理学

生理学是关于人体自身如何运作的一门科学。在交互环境中，人直接与机器发生关系，这种与实体之间的建构需要用户对更加复杂的生理环境加以调节，同时交互设计也要满足更为合理的生理需求，深入了解人机工程的介入与人体生理功能的衔接。

3. 心理学

人的思维如何运转，潜意识如何影响感知行为……这些都对交互设计的设计方法论产生直接影响。分析和掌握用户的心理模式，可以帮助交互设计更完美地符合人的心理模式及需求，在计算机无所不在的每一个角落里，为用户提供更加完美的交互体验。

4. 社会学

互联网的世界改变了整个社会的人际关系，并且持续的多样化发展推动了人际关系的复杂化，催生了新的社会问题；同时，其也在生产与服务之间为人们的生活带来了丰富多彩的可能。社会学帮助我们更好地构建人与人之间的关系：通过用户与界面之间的交互活动，在产品设计、消费与服务、空间互联等方面构建最佳的解决方案。

5. 人类学

广义的人类学将一切人类活动囊括进来，从社会文化和人类行为等角度研究社会和文化行为。交互设计作为在时间和空间中蔓延最广的设计学科，与差异性的文化分析息息相关；另外，即使在同一地域内，人群之间也会因为不同的文化背景而产生文化差异。人类学帮助我们更好地融入最广泛的用户人群，打开通向共识的大门。

6. 生态学

生态学与我们每一个人息息相关，它从可持续发展的角度介入我们对地球的有限资源、社会的消费习惯、经济的结构体制等方面的思考和运用。其冲击着消费社会的刺激理念，修正着人们的日常习惯及观念，催生了新的行为与认知。这些维度都为我们再次评估一切设计行为和设计作品提供了评判的标准。

三、应用领域

交互设计同时具备数字与互动双重属性，通过方便、快捷的操作界面带给用户实实在在的功能体验。其工作经常涉及像素、位元、输入、用户概念模型、计算机模拟器等领域，通过提供具有美学追求、设计质量等属性的交互作品来满足使用者的各种需求，进而带给用户具体的价值（图1-16）。

在数字科技方面，互动设计将计算机芯片与环境、产品、服务连接在一起。这些趋势加大了交互设计的复杂性，也说明交互设计必须在集体智慧的基础上进行跨学科的整合和研究。其需要多方专业人才和专家的通力合作，涉及计算机工程师、软件工程师、人机界面设计师、认知心理学家、社会学家等相关人才。这些领域的合作将技术的客观性与人的主观性串联起来，在装置、交互软件、设计服务之间搭建良性的循环体系。

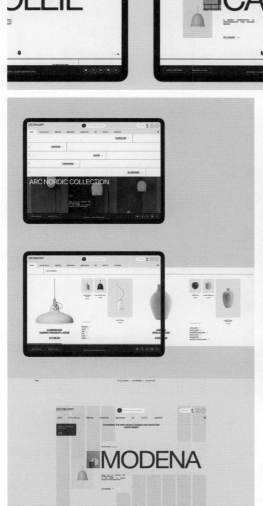

图 1-16　"DECOROOM" 品牌官网设计

02

提升用户界面设计质量
的方法

How to Improve
Quality of UI Design

第一节 格式塔原理在用户界面设计中的运用

20世纪早期，德国心理学家曾试图解释人类视觉的工作原理。经过观察与分析，他们整理了诸多视觉现象并归类阐释。其中最重要的基础发现是人类视觉的整体性，这种整体性促使人的视觉系统对视觉输入的内容进行自动的结构构建，并且在神经系统层面上对内容进行感知，其结果是使人感知到关于形状、图形等相应的整体建构的形成，而不是只看到那些互不相连的边、线和各自分离的局部区域。在德语中，这种整体性的"形状"和"图形"被称为"Gestatlt"，因此，这些理论也就被称为视觉感知的格式塔原理。

这些整体性原则对视觉设计尤为重要。在UI设计中，我们首先需要使用者可以迅速地接受信息，并对信息做出及时的判断和反馈，我们的设计呈现就以功能性的前提进行拓展。

我们基于感知和认知的维度运用格式塔原理并将其视为描述性的框架基础，所以需要掌握一些基本原理，来纠正我们在设计过程中由于自己的偏执而对设计功能造成的阻碍。基于UI的信息传递过程及视觉感知过程囊括了基于眼球、视觉神经和大脑的神经心理学的全过程的参与和合作。

同时，经验告诉我们，我们会根据整体的对象来感知周围的环境。所以格式塔原理这一合理描述框架为以图形为交互媒介的UI设计提供了宝贵的理论基础。

一、格式塔原理

1. 接近性

各个元素及物体之间相对距离的远近会影响人们对于它们之间关系的感知，对于距离近的元素，人们会将它们视为一组。接近性原理在UI设计中应用非常广泛，尤其是在控制面板、数据表格的布局分类中。同时，将分组搭配相应的分割线，可使功能表述更加清晰。

UI设计师可以通过强化元素之间的接近性来增强画面的统一感，减少画面元素，使画面风格更加简洁、清晰、明确，进而避免UI设计中产生凌乱无序感和信息超载负荷。

同时，这一原则也能帮助我们纠正由于设计不合理导致功能不明晰。如果成组的控件摆放关系不合适，进而破坏了相应的成组关系，我们就很难感知到其内部的相关性，交互过程就变得难以理解和沟通。不过，经过接近性原理的纠正，可以改进交互体验。

2. 相似性

人在感知时，影响分组的另一个因素就是元素之间的相似性原则：在诸多元素中，相似的元素看起来属于一组。人的视觉感知易于在其中发现关联，从而建构之间的逻辑关系。

3. 连续性

在视觉模糊的情况下，人的视觉系统会试图解析画面的逻辑关系，通过填补空缺等联想感知来感知整个物体的整体倾向，即人的视觉倾向于在离散的碎片中感知连续的形式。这种原理在视觉设计中非常常见，尤其是在图形设计中，人们乐于运用这种视觉的游戏来丰富和加深受众对视觉设计的视觉印象 [比如 IBM 公司的标志设计（图 2-1）运用非连续的色条代替完整的粗体字母]。

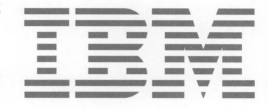

图 2-1 IBM 公司的标志

在 UI 设计中，滑动条空间的设计概念运用了连续性原理。我们看到的结果是：滑动条表示一个完整的范围，滑动手柄是滑动条上的滑动杆，其运用并没有将这一区域分割成两个不同区域。即使两部分颜色略有变化，通过用户的实时操作体验，也不会影响它作为一个整体感知在用户心中的概念。这就是连续性感知的强大作用。

4. 封闭性

封闭性原理与连续性相关。人的视觉系统会自动地将未封闭的图形关闭起来，进而将其视为一个完整的部分，使其免于陷入分散的片段之中。这种强大的倾向，可以使人的视觉系统将一片空白的区域看作一个物体。如在 UI 设计中，堆叠的控制面板往往只是露出一个小角，用户就能够感知其背后的完整性信息预设。这种感知在用户头脑中完成了平面空间向纵深三维空间的转换和感知。

5. 对称性

人的大脑在感知复杂结构时，倾向于将其分解来降低复杂度。这种倾向使人的视觉解析能够自动组织并分解数据，从而使复杂结构简化并赋予它们对称性的倾向，即在复杂的结构环境中建构新的对称秩序。

6. 主体与背景转化

人的大脑倾向于将所感知的视觉区域分为主体和背景。人易于将视阈内感知到的能够吸引自身主要注意力的任何元素看作主体，其他的一切附属则都是背景。

其实主体与背景原理也同样告诉我们：视阈内场景的特点会影响视觉系统的评判结果。例如常规下，当一个小物体与更大的物体重叠时，我们倾向于将小的物体看作主体。然而有些条件（比如光线）改变以后，其结果可能恰恰相反。

同时，观察者的焦点也影响人对主体与背景的差别的感知。就像荷兰艺术家 M.C. 埃舍尔（Maurits Cornelis Escher）设计的图——底转化的正负形视觉作品，其中主体和背景的判断随着观察者注意力的转化而变化。

在 UI 设计中，主体元素和辅助元素搭配使用，共同传递相应视觉氛围，暗示一个主题、品牌或者内容所表达的情绪。

同时，由于 UI 是一个动态的、延展性的结构框架，有时需要将新的链接信息以对话框的形式弹出来。这些尺寸比原来的界面小得多的交互窗口进而也转换成了新的信息主体，成功地吸引了用户的注意力。这种连接转换方式通常比直接替换成信息更具有延展性，能够更好地帮助用户理解他们在交互中所处的位置和环境。

7. 共同趋势

在运动的元素中，共同趋势原理与接近性原理和相似性原理相关，都影响人对物体组成部分的认知。即一起运动的元素或运动相似的元素将被感知为一组，或者是彼此相关联的。

在 UI 设计中，人们往往将做相似运动的元素看成相关的一组，即使这些元素之间是分离的，甚至形象上有差异，也不会影响它们的群组关系。

共同的运动暗示共同的过程，在一些动态信息设计中可直观再现不同实体之间的对比关系。

二、格式塔原理的综合运用

在 UI 设计中，这些格式塔原理是相互作用、互相影响的。例如，一个典型的 UI 设计实例可能用到几种不同的格式塔原理。应学会灵活运用来丰富我们的视觉结构，进而优化形式与功能之间的合理匹配度，最后通过实际的交互验证来达到理想的效果和独特的交互体验（图 2-2～图 2-4）。

图 2-2 "画面构图"自动生成 UI 设计方案 / 学生作业（刘子卓）

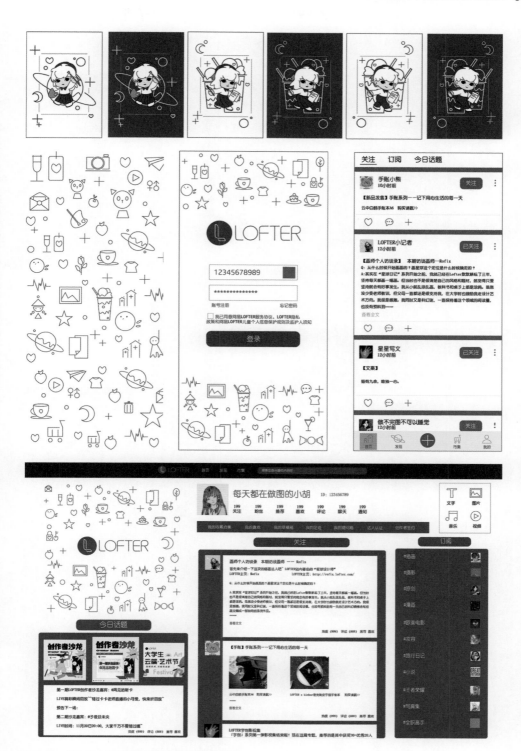

图 2-3 "乐乎" UI 设计方案 / 学生作业（胡伽霜）

图2-4　"海南自由贸易港"UI设计方案/学生作业（东雪）

第二节　优化视觉结构和层次

　　信息的功能表达要求体现信息呈现方式的结构化表达和精炼概括的逻辑关系，这样便于人们更快和更容易地浏览和理解信息内容。这种表达的优越性一目了然。以一段文本设计为例，其运用逻辑的结构表达更易于受众掌握信息的架构，可加强阅读的亲和力和减弱用户的抗拒心理。在实际的 UI 设计中，关键的信息被重新编排和归类解读了，增强了画面的结构关系，减少了占用的页面空间，同时也更容易浏览（图 2-5）。

一、通过结构关系的建立来优化信息的识别

　　即使是少量的信息也能通过结构化使其更容易被浏览（比如电话号码和信用卡号码的表达——为了容易浏览和记忆，习惯上把这两类号码分割为多个部分）。以一个长串的数字的设计为例，比如 UI 设计师明确地为不同部分提供独立字段，用户查看和核实号码就会变得非常轻松。

　　即使要输入的数据在严格意义上讲不是数字，分割开的数据字段也能提供有用的视觉结构。分割开的字段不仅提高了可读性，还能防止输入错误。

二、数据专用控件有利于信息的高效识别

　　数据专用控件比分段字符更加清晰。设计师可以运用控件将文本输入按照事先设定的类别进行分组设定，达到更清晰、准确的表达。例如，日期可以用菜单与控件合并的形式来进行设计。将分段的文本字段和数据专用控件结合起来也可以提供更加多元的可视化结构 。

三、视觉层次的建立有助于信息的高效阅读

　　可视化信息显示的最佳解决方案就是提供一个合理的视觉层次：

　　① 首先是将大量整段的信息分割为数个子段落；

　　② 其次运用视觉符号标记每个子段落，条理清晰地表达各自的信息内容；

　　③ 最后运用一个明确的信息层次结构来标注和表达文本段落之间的逻辑关系，使得上下层之间清晰明了。

　　当用户浏览信息时，视觉层次能够迅速使用户从互不相关的内容中区分出与其目标更相关的内容，形成清晰的逻辑信息架构，并将注意力放在他们所关心的信息上，同时使他们能够迅速跳过不相关的信息，更快地找到要找的东西。

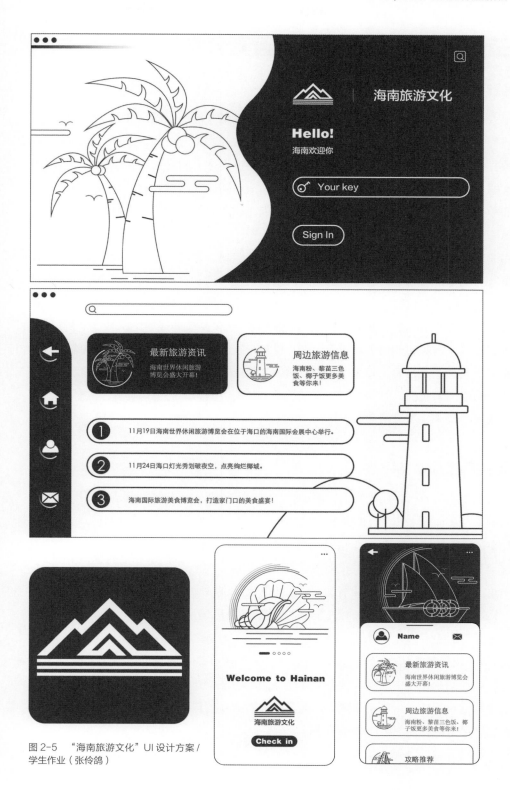

图 2-5　"海南旅游文化" UI 设计方案 /
学生作业（张伶鸽）

第三节　影响阅读质量的因素分析

一、阅读模式

　　用户在交互过程中，更多地依靠自己的阅读能力来进行界面操作以完成交互任务。阅读能力对于我们来讲并不陌生，是我们从孩童时就开始学习的基本能力，它伴随着我们受教育的全过程及成年后的大部分活动。阅读的过程是人的大脑自主地将文字转成相关意义的思考过程。它的发展过程与口头语言完全不同：在孩童时期，大脑中用于口头语言的神经结构不需要任何训练就可以被人掌握；相比之下，阅读是需要通过系统的指导和训练才能获得的能力。

　　阅读基本分为两种驱动模式：特征驱动和语境驱动。特征驱动是以运用视觉系统来辨认字符的视觉特征为基础进行识别的。大脑可以直接识别这些形状：一开始，大脑对字符、单词进行有意识的分析，经过足够的训练之后，这个过程就可以完全转换成无意识的行为，进而提升效率；语境驱动包含特征驱动，但是阅读的逻辑层次是完全相反的。它要求读者首先理解完整句子或段落大意，再到个别的字符和单词，所以这种阅读模式不可能成为无意识的行为。研究证明，最高效的阅读模式是无意识参与的特征阅读，而对于新的阅读内容来讲，阅读常常是有意识的、耗精力的，同时也需要基于整体语境来进行分析和理解。

二、影响阅读质量的因素

　　对阅读模式的分析，便于我们理解和找到会对阅读造成影响的因素，进而可以避免不利的干扰因素。以下几个方面会影响用户的阅读质量。

　　1. 不常用的单词或字符

　　在交互过程中，不常用的生疏字符或单词会打断用户无意识阅读的熟练状态，进而可能中止流畅的交互进程。这种情况下，用户的大脑会主动地从当前的阅读内容中跳转出来，运用头脑中积累的知识来对这些陌生的信息进行分析。

　　2. 难以辨认的字体

　　对于 UI 设计师来讲，字体选择及设计不能只局限在视觉效果的层面上，而应该更加注重字体在阅读过程中的功能性。即便是使用了熟悉的单词和字符，字形本身的复杂变化也会给信息的高效识别带来阻碍。尤其是面对大量的段落文字时，字体选择尤为关键，所以应尽量避免使用难以辨认的字体。

3. 过小的字号

经验证明，不同年龄段的用户对于字符大小的需求是不同的。由于视力的整体水平不同，老年人往往需要字号相对大一些才能获得比较舒适的阅读体验。而对于设计师来讲，更小的字符则会为设计作品带来更加精致的视觉效果。于是功能和形式上的矛盾成了争执不休的问题。随着人工智能技术的发展，可变字体在 UI 设计上的普及有望解决这一难题。它会随着用户的不同需求，实时根据阅读环境做出及时的调整，为用户提供便利的阅读体验。

4. 文字的复杂背景

在有些情况下，设计师希望通过更加丰富的视觉效果来增添用户界面的视觉设计感，有时会将文字置于复杂的背景之上。经过分析之后，我们常常发现这种选择是不明智的，因为它会给文字的阅读造成障碍。所以在运用此种设计方法时一定要慎重，尽量降低背景的复杂程度和干扰。

5. 有用的信息被重复的内容淹没

UI 设计中出现的信息内容要尽量精简、明确。设计师应使用视觉层次来区分信息的逻辑关系。同时减少不必要的或重复的视觉元素对重要信息的干扰。

6. 花哨的文字版式编排影响阅读

无意识的阅读需要尽量减少版式编排设计上的变化。比如：齐头齐尾的段落样式更加便于阅读；而中心轴对齐的版式编排则不利于阅读。其原因是以中心轴对齐的段落由于每一行起始位置都会有所变化，因此需要集中精力重新对文本的位置进行校准，进而打断了用户的无意识特征驱动阅读模式。

7. 背景与前景反差过小

在色彩配置中，前景色与背景色之间的对比关系要根据传递信息的具体情况实时做出必要的调整。比如文字和背景色之间的色彩设置，其明度关系一定要鲜明，色相和饱和度的对比也要慎重考虑。一切视觉因素都要以信息阅读的功能性作为首要前提，共同建构一个舒适的交互体验过程（图 2-6）。

图 2-6　"抽象现实主义" UI 设计方案 / 学生作业（刘泓彦）

8.冗余的步骤及命令

在交互环节的设定中，要尽量精简交互设计的步骤，排除不必要的操作步骤。这样一方面可以降低出错的概率，另一方面也减少用户中途放弃的概率。

以上这些方面是在交互体验中影响用户阅读的主要因素。UI 设计师通过交互雏形对目标用户进行测试，从而检验交互设计的合理性，以便在正式发布之前对设计中存在的问题进行完善与修改。在这个检验的过程中，尤其要着重考虑以上几点。

第四节　认识视觉的原理

一、认识我们的色觉

人眼内的视网膜分布着两类感光细胞：视杆细胞和视锥细胞。视杆细胞对光线强弱非常敏感，但是它们只在低亮度的环境中才会起作用，在白天和强烈的人工照明的环境中不起任何作用；视锥细胞对颜色的色相非常敏感，同时可以细分为三个不同类别，可分别对红色、绿色、蓝色三种不同频率的色光进行感知。这种生理属性与物理世界的摄像机和计算机显示器的色混合原理是一致的。

三种视锥细胞对应低频、中频和高频，其范围互相重叠。低频视锥细胞对处于低频的红色至黄色之间的颜色最敏感，其他范围反应较弱；中频视锥细胞的识别范围可从高频的蓝色跨到中频的黄色及橙色；高频视锥细胞对高频的蓝色和紫色最敏感，对中频的绿色敏感度则降低很多，同时其在数量上也是最少的，故人眼对蓝色和紫色的敏感度略低于其他颜色。

二、大脑的减法处理

人的大脑以做减法作为其工作原理。大脑的神经元对视神经传来的信号做减法处理，得到三个颜色对抗通道："红－绿""黄－蓝""黑－白"信号通道。同时大脑对相类似的信号会进一步归类及简化。

大脑的减法处理使得人的视觉感知系统对绝对的明度不敏感，而对鲜明的边缘轮廓反差更加敏感。基于此，我们会产生视错觉，但会对分辨鲜明的造型轮廓尤为在行。

三、区别颜色的局限性

同样基于大脑的简化原理，人眼对颜色之间的细微差别是非常不敏感的。比如，相近色相的颜色处于高明度灰色之间、相近色相的颜色面积较小、相近色相间隔距离增大等，这些因素都直接影响人对色彩差异的判断。

人们经常用颜色来做相应的类别划分以及信息图表的分类工作，所以颜色的运用一定要考虑这些视知觉的色彩识别原理。

另外，物理显示器屏幕之间的色彩差异、用户的视线与显示器屏幕之间的夹角关系、交互环境的光线等因素都是制约色彩精确识别的外部因素。这些客观原因，使得 UI 设计师很难精准把控用户真正的观看体验。

四、色彩使用准则

基于以上客观原因，UI 设计师应该掌握如下关于色彩的实用技巧。

① 学会运用色彩三要素带来的强烈反差来区分信息。色彩的三要素包括饱和度、亮度、色相，强烈的反差便于突出重要的信息，达到理想的效果。但是切记不要过于叠加应用这些对比技巧，这样会使色彩之间的对比效果过于强烈而变得更加突兀。要尽量简化色彩要素之间的对比，尽量运用一种对比要素来解决问题。

② 按照视锥细胞的工作原理，人对于识别和区分红、绿、黄、蓝、黑、白这六种颜色是最为敏感和高效的；同时，统一的强调色彩会增强 UI 设计中一致的功能性。

③ 避免使用色盲无法区分的颜色对比。这些颜色对比通常包括：深红与黑色、深红与深绿、蓝色与紫色、蓝色与绿色。

④ 颜色可以作为主要的提示信息，但不可以是唯一的提示信息。如果选用两种以上的方式来作为提示信息，就可以大大降低出现错误的概率。

⑤ 慎用色相对比中的补色对比。在屏幕显示中，大面积应用补色对比关系的色相会加重视觉闪烁的视错觉效果，为阅读的舒适性带来极大的挑战（图 2-7）。

图 2-7 "迷幻风" UI 设计方案 / 学生作业（吴家欢）

第五节　关注阅读的黄金区域：中央与边界视野比较分析

一、中央凹的分辨率与边界视野的分辨率比较

黄斑区位于人眼视网膜中央，是人的视力最敏感的区域，也是视觉细胞最集中的部位。人的视野的空间分辨率是从中央向边缘锐减的。每只眼睛大约有600万个视网膜视锥细胞，集中分布在中央视野的黄斑区，其中的中央凹陷区域就是中央凹。中央凹仅占视网膜面积的1%，却与大脑的视觉皮层50%左右的区域直接相连。也就是说，中央凹的视锥细胞在进行视觉信息处理和传导的过程中，与神经节细胞的连接对应关系是1：1。而对于视网膜其他部位来讲，情况则相差很多，也许多个光感受细胞才与一个神经节细胞相连。也可以说，边界视觉的信息在被传递到大脑之前，人的视觉神经系统就对外部刺激的信息进行了数据压缩，而中央的视觉信息则不会被压缩。所以，这就是人眼的中央凹的分辨率要远远高于其他区域的原因。

因此，中央凹的分辨率特点为UI设计提供了依据、支撑和方向：在中央凹区域每英寸能分辨出几千个点，而离开中央凹，分辨率就明显下降，每英寸只能分辨出几百个点，在视野边缘，情况则更加糟糕。

但是，我们往往感觉到周围的东西并非失焦，而都是清晰的，这是因为我们的眼睛能以大约每秒3次的速度不断地快速移动，且选择性地将焦点投射在周围的环境物上。我们的大脑则用粗犷的、迅速的方式，将视野的其他部分填充完整。而大脑也无需拥有一个高分辨率的心理模型，它可以随时命令眼睛到那些需要的地方重新采样。

例如，当你阅读一个网页时，你的目光会上下左右迅速扫描。无论落在什么地方，你都能感觉到自己在阅读满屏的信息。如果此时电脑系统正在捕捉你的眼球移动，并且可以同时判断你的眼球焦点所关注的位置，然后，电脑做出智能的调节，相对应的信息将会清晰精准地呈现出来，基于当下的人工智能水平已经完全能够很好地实现这一技术。也就是说，当你的眼睛的中央凹在这一页快速掠过时，电脑可以快速地更新中央凹停下的位置，在那里显示精确的文字传递，这将刷新我们的阅读体验，使阅读变得更加舒适、轻松。

在人的视野中心，即中央凹及其边缘的小块区域（黄斑区），视锥细胞紧密分布于此，而在视网膜边界则稀疏分布，这影响着眼睛的空间分辨率以及色彩分辨率。对于阅读来讲，黄斑区主要用于阅读，周围的部分则不可能参与进来。这意味着从中央凹开始的神经网络已被训练成能够阅读的区域，而其他区域的神经网络则不适用。同时，阅读伴随

着大量的眼球运动。捕捉眼球的运动会成为今后 UI 设计的新方向。

二、边界视觉的作用

　　中央凹的作用如此强大，那人的边界视觉又有什么作用呢？其实它的作用很强大，它可以为我们提供尽可能多的视觉线索，尽管是低分辨率的，但这已经足够引导我们的眼球运动，引导中央凹能够看到视野里所需关注的东西。也就是说，我们视野周边的模糊线索为大脑提供了信息，帮助大脑判断怎样移动眼球。

　　这种经验经常发生在我们的生活中。例如，当我们在浏览网页时，边界模糊加大了我们搜索的范围，为我们提供的模糊影像足以让眼球按需移动，并使中央凹视线落在可能需要的位置并查看浏览。在生活中，我们的购物体验验证了我们能在市场上迅速地找到我们想要寻找的商品。比如在一个集市上寻找芒果，任何在视觉边缘模糊的橘黄色块都能够吸引我们的眼球和注意力，尽管我们可能看到了橙子，但眼球的移动帮我们捕捉了更多的可能。

　　同时，边界视觉具有另一个优势：它为更好地观察运动提供了保证和支撑。模糊加强了运动的视觉特征，即使非常轻微，都可能迅速吸引人的注意力，从而引导中央凹去注视它。这种潜意识的机制也许来自物种进化：物种可以迅速躲避捕食者而生存下来。

　　所以如果我们的视野边缘什么都没有，我们的大脑也不会调配我们的中央凹，我们也不会改变我们的视角，这无疑抹杀了我们思维发展的可能性。

三、电脑用户界面举例

　　人眼视觉的特征为 UI 设计提供了前提和依据。边缘视觉的低敏感度解释了为什么我们无法注意某些区域上的信息，继而为设计师提供了很好的参照。当我们对设计好的界面进行测试时，就要充分地考察这一特性，进而验证设计的合理性。通常情况下，当一个按钮被高频率点击和访问时，说明它具备吸引用户中央凹视力的能力。所以对于设计师来讲，划分出屏幕上处于低分辨率边界视觉范围内的区域尤为重要。

　　以购物网站为例，如果用户输入了错误的用户名或者密码，在点击"登录"之后，出错的消息如果出现在远离用户中央凹的区域，这就会产生很大的延误性，即便颜色很突出也未必能够很好地解决。

　　如果从用户体验的角度来进行考虑，当用户输入了用户名和密码之后，点击"登录"而没有反应。于是用户会产生困惑：我刚输入的登录信息怎么了？我输入错误了吗？基于这个困惑，用户需要重新扫描屏幕，并且尽力寻找出错的源头，这对于用户来讲无疑是非常麻烦、不友好的交互体验，这样的 UI 设计很难具有吸引力。

当然，用户体验的好坏还包括其他因素，比如提示信息与相关操作信息及按钮在屏幕上的相对距离。因为中央凹在电脑屏幕上的范围也仅仅有一两厘米。另外，界面整体的色彩体系是否能很好地将提示信息凸显出来，而不是互相干扰，妨碍识别，也影响着用户的视觉体验。所有的这些元素都构成了 UI 设计的成败标准，需要对多方面进行仔细的衡量（图 2-8）。

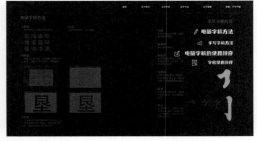

图 2-8 "汉字年史" UI 设计方案 / 学生作业（张妍、徐海博、赵昕玥）

四、信息清晰可见的处理方法

基于前面的探讨，常见的处理方法有以下几种。

① 放在用户所看得到的位置上。作为设计师，应当有能力通过自己的作品来规划和引导用户的视线，进而有效地避免问题的发生。在图形用户界面交互中，可以预判用户的注意力使其放在预期的区域。

② 在当代社会中，人们倾向于从左上角向右下角进行整体的扫描和预览。画面上的信息逻辑构架就要符合这个框架模式。当运动发生在屏幕上时，人们通常也能看着运动所在的位置一同进行移动。当这些运动指引了人们点击按钮或者链接时，通常可以假设他们正注视着它。设计师可以利用这些可预测性将出错消息摆放在用户可能看到的显著地方。

③ 将错误标记出来。用某种方式显著地标注出错误，并清晰地指出错误的地方。注意错误的消息不要放得离用户此时可能关注的位置太远。

④ 使用易于理解的符号来标记错误的信息。

⑤ 保留用红色表达信息的习惯。在交互设计中，红色暗示警告、危险、问题、错误等，使用红色可以减少误解。但假设在某些具体色调的设计中无法实现或凸显，就要充分利用图示标注的功能将信息表达清楚（图2-9、图2-10）。

图 2-9　"赤黑"汉字 UI 设计方案 / 学生作业（郑丹妮、高宝怡、由婧瑶）

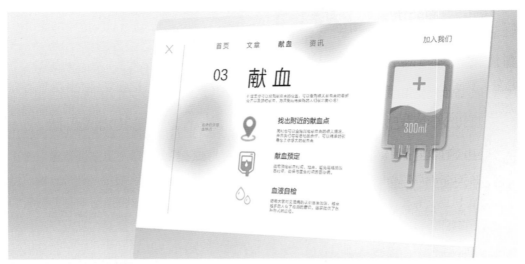

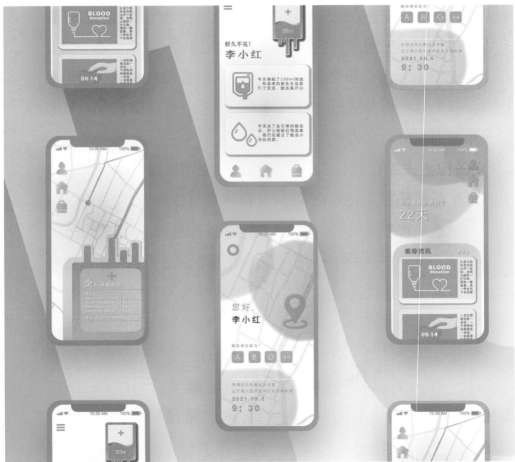

图 2-10　"ABO 无偿献血"UI 设计方案 / 学生作业（郑丹妮）

五、加重强调的功能

如果运用上面这些常见的方法还不能较好地完成交互体验设计，我们还可以运用多种维度的感官体验来加强提示的作用。这些方法虽然有效，但也有明显的负面效应，因此应小心谨慎地使用。

1. 弹出式对话框

直接将对话框放在用户面前，是非常有效的手段。虽然这可以使弹出的对话框很难被用户忽略，但是在交互的过程中会加重负面的影响，阻断用户的使用环境，并会打破用户的思维进展。要适当采用这种稍极端的交互方式：如果在紧急情况下，这样做是值得的；但如果面对的是一些轻微的问题，频繁使用这种手段会给用户造成反感。

另外，在交互过程中，弹出对话框给用户带来的厌烦程度随着提示模式、级别、频率等的不断加重而提高，且加重了非友好型的交互体验。尽管有些弹出的对话框允许用户暂时忽略它们而继续自己的工作，但是这些情况都加重了用户的心理负荷程度。

所以，弹出对话框应谨慎使用。在一些特殊情况下，比如可能由于用户不做响应而导致应用程序的数据丢失时才可使用；或者在如果用户没注意到错误消息，就会有人员伤亡的情况下才能使用。同时，在网页运行中，有些用户将浏览器设置为阻止所有弹出对话框的功能模式，这时弹出对话框就彻底失去了作用。

2. 使用提示声音（如蜂鸣声）

当设备终端发出蜂鸣时，一般预示着问题的严重性，并要求用户注意。如果用户条件反射式地扫描屏幕来寻找信息框，这种情况就没有实现提示音的价值。所以应该将提示音和相应的信息同步显现。

然而，在安静的办公环境或者教室里，这种提示音也加重了不友好的沟通氛围。同时，相同的提示音也会带来辨别不清的问题。而在嘈杂的工作环境里，提示音还会被环境噪声所掩盖。最后，如果没有开启电脑的音量，提示音也会失去用武之地。

3. 闪烁或者短暂的晃动

由于人眼的边缘视觉善于捕捉运动，所以闪烁或者短暂的晃动会强化和提醒用户，及时将眼球中央凹区域投射到运动上。这种提示不需要太大的动作，只需要一点点轻微的改变，就足以吸引用户的眼球。

然而，这种方式必须谨慎使用。大部分用户厌恶屏幕的晃动和闪烁。他们会慢慢对这种轻微的震动变得不敏感，加之广告宣传活动往往也运用此种伎俩，反而加重了用户对这种效果的反感。

所以只有在显示关键信息时，才能谨慎地使用这些"重武器"。频繁弹出这些动作反而适得其反。心理学上被称为"习惯化"的现象就会随之出现，人的大脑也会对频繁产生的刺激越来越不敏感了。

第六节　记忆力和注意力对用户界面设计的影响

一、记忆力

人的记忆力分为短期记忆和长期记忆。短期记忆涵盖了从几分之一秒到几秒，甚至长达 1min 的时间跨度，长期记忆则从几分钟几小时几天到几年甚至更长。

对于交互设计来讲，区分这两种记忆类别是很关键的，同时也是很吸引人的。它能指导我们发现更多的视觉设计原则和技巧来开发记忆时间，使用户了解和记住交互设计的新原则、新方法以及整个交互过程，开发新的视觉形式来激励用户创造更加可靠的记忆方式。

1. 知觉与记忆

人的感知过程是通过视觉、听觉、嗅觉、味觉、触觉等形式进行感知后，感知信号直接与大脑相关感官的区域（比如视皮质和听皮质）发生关联，并触发其反应，然后散播到大脑其他不与任何具体感官通道相关的部分中。在这一过程中，大脑中与具体感觉相关的区域仅仅察觉简单的特征，比如明暗的边界、高中低音调、酸甜苦辣、色彩等简单信息。在大脑的神经处理中，处于下游的区域将这些基础的信息整合起来，进而整合、检测、发展更高层特征。

特征和环境决定了感觉对神经元的影响范围。例如，当你在小区行走时与安全地坐在车里时听到的狗叫声，以及随之触发的神经活动是不同的。两次感觉的刺激物越是相似，即相同的特征与环境因素越多，大脑中所触发的神经元之间的重叠也就越大。同时，感觉所产生的最初强度取决于大脑对它的放大或者抑制程度。所有感觉都会产生某种痕迹，但有些微弱到几乎无法察觉，慢慢消失，有些则相反。

记忆是参与神经活动的神经元的持续变化所引起的反应，这就使其具备了再次被激活的可能。其中包含了一些将化学物质释放到神经元周围的区域的变化，进而刺激和改变了它们在长时间内的敏感度，直到这些化学物质被稀释或者中和。而神经元的生长和神经元之间新链接的建立则造成更永久的变化。

激活记忆是恢复以及再一次激活那些记忆产生时的神经活动。同时，大脑也能够区分神经模式的激活状态。再次激发记忆模式的新感觉与最早产生记忆的感觉之间具有相似的激发模式，使得其被大脑识别；另外大脑也能够再次激活某个具体的神经活动，继而引起了回忆。

一个神经记忆的模式频繁地被再次激活，记忆也就变得越"强烈"，再次激活它越容易，识别和回忆也就越容易。神经记忆模式也能被大脑发出的刺激性或者抑制性的信号强化或削弱。

记忆的神经活动模式涵盖了广大的神经网络。不同记忆的神经活动模式也因共享的感觉特征而遭到相互覆盖、移除、破坏，经常发生抑制作用导致部分神经细胞不能完全清除记忆，而仅仅是降低了该记忆的细节和精确程度。神经活动模式之间的作用程度为我们塑造了不同的记忆程度。

2. 长期记忆

长期记忆是信息以"压缩"的模式被广泛储存在人的大脑中，这些存储的区域不直接与五感所连接的区域重合。其内容往往是通过对感觉信息的整合得出的更高一级的抽象信息，最终以抽象的形式压缩地存在于大脑之中。同时，长期记忆也是被频繁激活的那部分神经记忆模式，因此识别和回忆这部分信息也就变得更加轻松。由于人的大脑中的神经网络不断地接收新的信息内容，相同区域的神经网络承载的记忆信息也不断遭到覆盖和破坏，所以长期记忆也会因此逐渐流失，但是这些内容可以通过再次被收集而得到新的强化，最终持续地存在于人的大脑之中，影响人的行为模式。

（1）长期记忆的特点。长期记忆分布式存储在大脑的不同部位，由大量的神经元活动模式组成。同时，相关记忆往往对神经元活动进行覆盖，但是长期记忆似乎没有限制。目前还没有办法精确测量大脑到底可以存储多少信息。另外，长期记忆使用了压缩的方式导致了信息的大量丢失。具体的事实以抽象的片段组合存储于大脑之中。

例如，我们在应用某个具体的工作软件时，常常会记住有哪些具体的使用功能，但是可能由于不经常使用，渐渐忘记了准确的操作方法以及具体存在于哪个菜单选项中。这种情况就属于长期记忆的特点。

（2）长期记忆对 UI 设计的影响。纵观人类的发展历史，人类试图应用各种方法来牢牢地强化长期记忆，比如结绳记事、刻画符号、文字、书籍、计算机……而今天交互设计的开发应该更好地扩展人类长期记忆的容量，减少长期记忆的负担。比如设定密码就是一个很好的例子：我们经常忘记系统要求我们设定的具有烦琐关系的密码组合，这项不得不设定的要求同时也加重了用户的记忆负担，于是在操作系统中设置了通过辅助的记忆功能来帮助用户保留密码信息的用户服务，或者采取指纹与人脸识别以及相关联的其他社交软件来开启相关程序，这些改进都会减少用户的长期记忆负担。

另外，用户界面的一致性以及更为大众熟知的交互操作技巧都有助于长期记忆的巩固。将操作技巧的一致性建构在更广泛的功能和对象的基础上，这就意味着用户在交互的过程中要学习的操作内容就越少，进而减少交互环境中的存储特征，利于构建更为友好的交互环境。相反，如果用户记忆太多操作特征会导致界面难以学习，增加出错及放弃的概率。比如在系统中的各个软件之中，"复制""剪切""粘贴"的默认快捷键都是相同的。

3. 短期记忆

短期记忆与意识相关。它本身不是存储，更准确地说，它不是感觉系统获得信息以后形成的长期记忆，而是感觉和关注现象的当下结合。短期记忆主要包括以下几个方面。

首先，人的每个感官都有其非常短暂的短期"记忆"，也就是感官刺激后残留的神经活动。就像铃铛在被敲击之后的短暂余音，在完全消失之前，这些残留感觉可能作为大脑的注意机制输入，与其他感官接收来的信号进行整合，共同组成了短期记忆的一个部分。

其次，人的注意机制同时还可以接受通过识别和回忆而再次激活的长期记忆。由于每个记忆都对应一个分布于整个大脑中的具体神经活动模式，这个神经活动模式一旦被激活，也可能被注意机制接收。同时，人的大脑有多个注意机制。它们使人的注意专注于感觉和被激活的长期记忆中非常小的交集。它存在于人当下的意识中，构成人的短期记忆的主要部分（也被认知学科学家称为工作记忆）。

（1）短期记忆的特点。短期记忆里的信息数量极端有限和不稳定。它等于注意的焦点及任何时刻，也就是人在任一时刻时，意识中专注的所有事物。所以短期记忆最重要的特点就是低容量和高度不稳定性。

认知心理学家乔治·米勒（George Miller）于1956年提出了人类短期记忆的说法。

① 短期记忆中的东西是什么？它们是当前的感觉和获取到的记忆。它们是目标、数字、单词、名字、声音、图像、味道等任何人能够意识到的东西。

②为什么这些东西必须互不相关？因为如果两个东西有关联，就会对应到同一个大脑神经活动模式。

③为什么描述不够精确？因为研究者们无法以完美的精确度来测量人到底能回忆起多少东西，这些记忆上的个体差异是普遍存在的。

短期记忆是非常不稳定的。一旦人的注意力转移到新事物上，也就意味着注意力从之前旧事物上移开了。这种行为导致了之前积累的相应信息也很容易地随之消失了。

（2）短期记忆对UI设计的影响。短期记忆对UI设计影响很大。人在短期记忆中的不稳定性，使得用户在交互过程中对已经经历的信息不可能面面俱到。UI设计师只能使用户记住主要的核心信息，使用户尽量关注主要的目标。所以在交互环境中，应尽量创建统一的交互模式，并尽快让用户熟悉及应用这些模式。同时，指令与步骤应尽量清晰、简化，减少用户的记忆负担。

二、注意力

用户在交互的环境中，他们的行为模式会遵循相应的可预测性，这种可预测的行为模式受到注意力和短期记忆的影响。如果 UI 设计师很好地利用这些模式就能够更好地为用户构建方便、友好的操作环境。

1. 用户往往专注于任务目标

在交互环境中，比起如何操作用户界面，用户往往更倾向于专注任务目标。除非遇到具体的操作问题，比如按键没有反应等操作阻碍导致交互中止时，用户才会更改注意力。一旦交互操作再次恢复，用户的短期记忆力需要相关的提示才能恢复。所以优秀的交互设计往往需要将自身隐藏掉，不要过于吸引用户的注意力，而要尽量辅助用户将重点放在如何完成交互任务上。

2. 交互环境中的引导系统设计

由于人的注意力和短期记忆非常有限，人无法完全依赖它们来完成全部交互任务。所以交互环境应该及时为用户提供相应的引导，进而清晰地提醒用户。比如最常见的例子：交互系统及时为用户提供任务选项，包括哪些任务已经完成，哪些不合格或未完成，等待用户及时调整。在电子邮件的 UI 设计中，交互系统会自动地对所有的邮件进行分类，并明确标出"已读邮件"和"未读邮件"。这些都是通过引导系统的设计来强化交互环境的交互性。

3. 相关信息引导用户

在交互环境中，当用户急需完成某项任务时，往往会关注用户界面提供的字面信息内容直接进行解读，此时，多余的选项就会给用户的操作带来困扰和麻烦。这是由于大脑往往会控制用户此时的注意力走向，如果设计师在用户界面上增加了其他的重要信息，其最终只能被用户作为无效的信息忽略掉。

4. 熟悉的路径

在交互环境中，采用熟悉的路径可以减少用户注意力的投入及降低短期记忆的压力。相反，探索型的新路径可以增加用户交互的新体验，激发更多的兴趣，但是同时也会增加用户的注意力投入和短期记忆的压力。这就意味着对于 UI 设计师来讲，交互设计的合理性方案需要在对已经普遍应用的交互实践的修改和整合的基础上进行进一步的调整，通过设计师的工作完成对用户的最佳引导。

5.目标执行与评估

交互的行为往往是在周期性的重复循环中不断调整和改进的。用户设定目标，并通过一系列动作来实现目标之后，设计师应及时对交互设计进行客观的评估，进而通过不断的调整和周期的循环来完善交互程序（图2-11、图2-12）。

① 目标。交互程序为用户提供完成目标的清晰路径。

② 执行。交互程序中的每一个组成界面应该提供清晰的指引信息，避免使用户陷入过多的关于"操作对象"与"任务"之间工作关系的思考。

③ 评估。及时向用户提供必要的反馈信息和状态查询，以及及时规避没用的交互内容，并通过数据搜集调整和改进交互程序。

图 2-11 "中国汉字"UI 设计方案 / 学生作业（王瀚那、王潇艺、杨睿涵）

图 2-12　"时间管理大师"UI 设计方案 / 学生作业（巩乃馨）

第七节 响应度

在交互程序中，用户在感知、思考、反馈、检验的每一个阶段都需要时间。时间的概念也成为交互设计中必不可少的参与要素。这些人类认知的时间常量成为交互设计中的基本准则。

一、响应度的定义

响应度是主要以时间作为衡量标准的用户满意度评判。简言之，响应度即为用户做出动作之后，交互系统回应用户的效率。通过响应度可以评判交互程序的性能等应用指标。虽然其本身与交互设计的性能不直接发生关系，但是高效的反馈往往可以同时捆绑性能的反馈，构建更加友好的交互环境。

优秀的响应度可以实现与用户的思维进度保持一致，方便用户对交互任务做出合理的预测。在设计中涉及以下几个方面：按钮、滑动条、时间显示、任务完成百分比及实时动画特效等。

二、大脑的时间常量

神经生理学告诉我们：大脑由许多神经元集合而成。这些集合在感知、判断、行动的过程中面对不同的功能，其运行速度是不同的。

1. 最短的声音间隔：0.001s

相比较而言，听觉比视觉更加敏感。这是因为人的听觉系统是机械传感系统：鼓膜将振动传给中耳耳骨，再传给耳蜗的毛细胞，这时毛细胞将振动转为电脉冲被大脑识别。这一机械的连接过程可以保证我们察觉到非常短的时间差。

2. 最短的视觉差异间隔：0.005s

视觉图片之间的最小差异经常被潜意识知觉捕捉到，如果在短时间内再次重复这些图片，人的大脑就会对其做出反应。

3. 对危险的非自主运动的反应时间：0.08s

人感知到外界事件的刺激并对其进行条件反射的最短时间间隔为 0.08s。

4. 大脑完全感知视觉刺激的时间：0.1s

光线经由视网膜转换成神经脉冲进入大脑皮层，至少需要 0.1s。

5. 感知两个连续事件之间关系的时间间隔：0.14s

感知两个事件之间的因果关系的最短时间间隔为 0.14s。在交互设计中，反馈的时间间隔往往以此作为标准。如果大于该时间，就会造成用户对反馈的迟疑及注意力的分散。

6. 视觉上判断 4 个以上数量的物体至少需要 0.2s 以上的时间

对于 4 个以下的物体，正常的人通常一眼就可以判断出来，而超过 4 个物体就需要分辨和确认。

7. 事件进入意识的时间：0.2s

人的意识的时间窗口期大约持续 0.2s。在这时间区域内"现在感受"的信息和"过去回忆"的信息交杂在一起来共同影响当下的判断。

8. 注意力暂失：0.5s

新的信息已经出现，而用户的注意力还停留在上一个信息之中，继而出现对当前信息的注意力暂失，导致信息的丢失，这个时间大约持续 0.5s。

9. 对视觉做出反应的时间：0.7s

通过视觉系统对环境中突然发生的事情进行有意识、有目的的反应至少需要 0.7s 的时间。这个时间因人而异，同时也会受到环境的制约和影响。

10. 对话中间隔最长时间：1s

在双方正常的互动交谈中，沉默的时间间隔最好不要超过 1s。当超过这个时长时，对话就会显得不流畅，影响交互的正常进行。

11. 执行单一任务的操作时长：6~30s

通常在交互任务中，一项任务被划分成若干个子任务，每一个步骤的操作时长在不受干扰的情况下不要太烦琐，最好控制在 30s 内，这样可以在连续的工作记忆中使用户的注意力不被打断。

三、响应度对交互设计的意义

高响应度的交互程序应该满足：首先，提供与用户操作动作之间具有因果关系的及时回馈，以此来告知用户交互程序没有崩溃，而是在正常工作；其次，动画的平滑流畅也可用来告知用户其交互程序的正常运行状态；然后，进度的显示可以使用户明确操作需要多长时间的等待，并可以使用户随意终止长时间的加载或运行命令；最后，使用户自己来掌控交互程序操作的节奏。

基于之前的时间常量的分析，下面比较一下在交互系统中，单位时间与用户感知之间的关系。

① 0.001s：这个时间量用于规范交互设计中声音反馈的时间间隔。

② 0.01s：触控笔的电子墨水与笔尖操控之间的时间间隔最大值。

③ 0.1s：一般的因果感知及反射运动常常控制在 0.1s 之内。

④ 1s：若交互设计以对话的形式展开，为了防止用户失去耐心，其交互间隔不宜超过 1s。如果需要加载而耗时较长，需要加载进度信息条作为提示。同时，对于突发情况的目的性反应最少也需要 1s 的时间，所以交互环境中的命令设定要考虑这个时间值。

⑤ 10s：这个时间量一般是用户愿意花在比较重要的交互操作步骤中的时间。如果时间过长，会导致用户失去耐心。

四、高响应度的表达方式

1. 使用提示图标表达系统忙碌状态

从静态等待光标到复杂的动画等待光标，或者是动态"载入数据"的显示图标，都可以及时告知用户系统在正常工作，而不是已经崩溃。

2. 使用进度条表达系统工作状态

这种动态图标可以清晰传递给用户操作需要多长时间，以及当前处理进度的信息，使用户有一个提前的心理准备。随着设计界面的丰富，进度条的表达形式也丰富多彩。将图形与文字结合起来，极大地提高了应用程序的响应度。任何时长在几秒钟的操作运行都需要用进度标识进行表达，不然，用户就会产生诸多质疑。

3. 优先显示重要信息

在加载页面中，为了提高用户的识别和交互效率，要优先显示重要信息，而随着时间推移再将详细信息及辅助信息一并显示出来。这样有利于用户在最短时间内做出判断，即是否等待页面全部加载完。比如高分辨率的图片渲染往往比较耗时，如果可以提前以低分辨率预览整体图片，再逐渐精细加载显示，这样就会提高用户的交互效率。

4. 提供交互小游戏

在超长加载信息的页面过程中设置交互小游戏，比如手眼协调合作的位移动画游戏，这样做的目的不仅给系统加载信息预留时间，同时又不至于使用户感到交互被终止，进而转移注意力。

5. 提供及时反馈的技巧

使用较小的图片尺寸和较少的图片数量，提供缩略图的快速显示，提供必要的数据概览及具体的细节访问层级，层叠式页面渲染布局比展示型页面框架更加节省时间，这些方法都可以给用户提供明确的反馈信息。

03

第三章

信息的架构空间与阅读

About
Information Architecture Space
and Reading

第一节　链接带来的逻辑关系

以网站设计为例，网站和网页可以采用多种脚本语言进行创建，脚本语言之间可以相互链接、相互嵌套组合成一个崭新的信息系统，进而形成具有逻辑关联的视觉网站。当用户运用浏览器进行访问时，浏览器会根据网页提供的信息将其指令通过加载转换成可视的形态。

HTML（超文本标记语言）是网页设计制作中常用的网络语言，它具有非常优秀的适应性，可以满足不同的技术情况，如 Java、CSS、PHP、AJAX 等；另外，它可以很好地通过超链接的方式将文字、图形、动画、声音、表格等语言综合在一起，即便这些信息分属于不同地理位置的服务器，HTML 也能将其整合为一个完整的系统。XHTML（可扩展超文本标记语言）是比 HTML 更加严格的标记语言，是 HTML 的继承和发展。

这两种语言中的语法都是由 Tag 标签组成的，标签是用来搭建文档结构的基本单元，进而通过层级关系完成网页的体系建构。在 Tag 标签中可以嵌套文本、图形、图片等基本元素。UI 设计师可以对这些视觉元素进行编排、设定样式及风格，在视觉元素之间构建关联，形成系统。简而言之，这些标签的功能类似于指示符号，它们可以将显示的信息传递给显示器。

一、静态网站和动态网站

目前的网页设计基本可以分为静态和动态两种，它们相比最大的差别就是动态网站本身含有后台数据库、程序以及可交互的页面功能（图 3-1），而静态网页只显示最初设计的全部信息。如果想要更改部分信息，那就只能重新编排并生成新的文件，并再次上传至网络空间中完成更新。比如现在常见的购物网站，当用户浏览商品时，网站会即时生成购物清单，并向用户及时推送信息以及链接，以便迅速完成整个购物过程，并将购物记录实时更新在系统信息之中。这是典型的动态网站。

二、网络编程语言

网络编程语言主要通过预先规定的网络协议，将最终要在显示终端显示的信息进行组装，以便在显示终端进行解析，生成对应的信息。其中最关键的环节就是数据包的组装，涉及代码、开发工具、数据库、服务器架设、网页设计。网络编程语言本身具有一定的复杂性，需要专门的知识和技巧来完成全部工作，对于 UI 设计师来讲，这些工作是其中的一个环节，需要在团队中和其他方向的队友一起完成整个交互设计。他们的工作为观者的视觉呈现提供坚实的基础和保障。

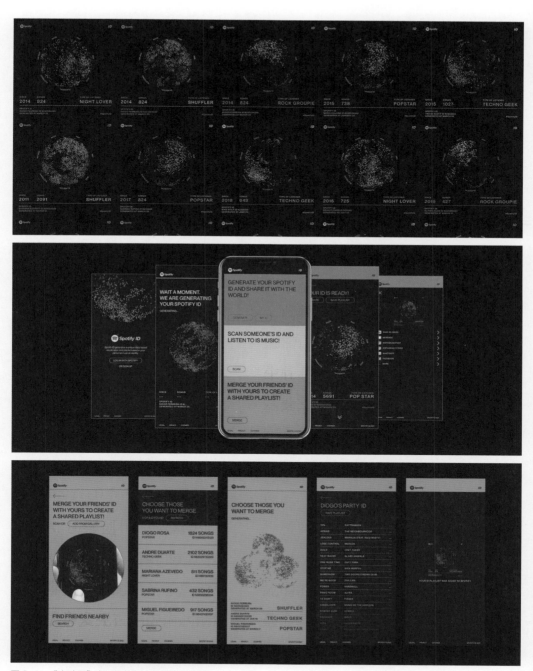

图 3-1　"声破天"音乐播放器应用程序 UI 设计

第二节　信息的横向空间、纵向空间以及相互关系

信息的梳理与建构是网页交互设计的前期重要工作之一。构建合理的信息逻辑框架，并将其系统、清晰地传递给用户，是 UI 设计师应该掌握的一项基本技能。

所谓横向思维是指具备"全面思考"的分析能力，突破问题本身的范围，从其他相关领域的类比项中得到启发，进而扩展到当前问题之上的思维方式。涉猎范围的广度对于问题的突破具有重要意义。纵向是指"深入分析"的探索能力，在固定的结构范围内，按照有序的思维方式进行深度的挖掘，按照由低到高、由浅入深的认识习惯及思维方式展开，完成清晰明了、合乎逻辑的探索过程。

将这两种思维模式用在构建信息的横向、纵向关系之中，并在各个分支中找到创建联系的合理分支，进而完成信息构架的全方位的体系搭建（图3-2）。

一、结构与内容体系

在进行文件解析过程中，网络标准语言（如 HTML）会告诉浏览器怎样显示网页的视觉信息，在语法解析的过程中标签描述了信息的结构及各个信息模块的功能。在相关结构，如标题、文本、链接、图片、脚本等一系列组成要素之间创建组织构架。

二、超链接

超链接是指将一种指定对象固定进相应的系统位置并创建关联，即运用特殊编码在相应的文本和图形之间创建关联来实现实时链接。在这一过程中，浏览器需要从一个页面跳转到另一个新的网页，同时也可以跳转到同一页面的不同位置。例如网页内部的链接广告、搜索引擎等都可以应用超链接实现。不同的代码具有不同的功能，通过组合形成强大的超文本链接。

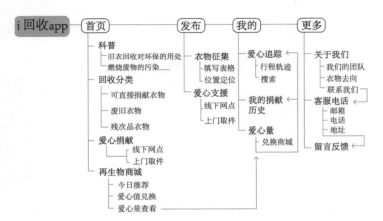

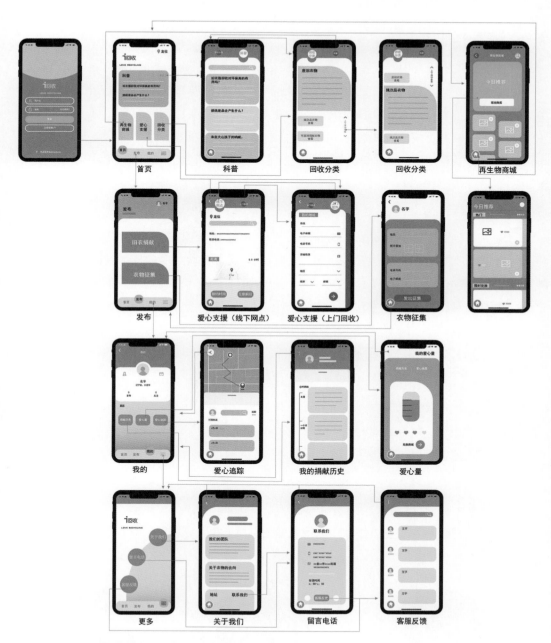

图 3-2　旧衣回收再利用应用程序架构图 / 学生作业（张梓倩）

第三节 视觉画面背后的信息技术

一、层叠样式表

在网络技术语言中，层叠样式表（Cascading Style Sheets，CSS）是将网页的视觉设计用计算机语言表达出来。比如规范以及批量格式化处理 HTML 及 XHTML 文档网页的视觉样式。CSS 本身的语法结构与 HTML 及 XHTML 文档网页兼容，与其内部元素搭配进而完成网页视觉表现设计，比如字体的属性设定、页面的版式布局、整体交互体系的色彩体系设定、视觉元素的效果样式设定等，实现精准的控制和把握。

二、超文本预处理器

超文本预处理器（Hypertext Preprocessor，PHP）是预置在服务器中对嵌入的 HTML 及 XHTML 文档进行运行的脚本语言。它允许 UI 交互建构相关的即时动态网页信息，同时与数据库进行交互，以增强和扩充动态网站本身的交互资源及交互能力。这种技术用于制作信息庞杂的大型网站。

三、JavaScript 编程语言

JavaScript 是一种可以跨越不同平台的客户端脚本语言。这种语言最大的特点就是为视觉元素创建动态效果。这些动效可以丰富网页的交互体验，比如图形的旋转缩放、弹出窗口的运行、鼠标的动效等；同时，它可以与一些其他计算机语言搭配使用，无需加载全部信息就可以实现交互，加快了用户体验的速度。

四、矢量动画软件

视觉设计师运用一些操作软件进行矢量图形及矢量动态图形的设计，通过脚本语言 Action Script 等以锚点为矢量图形添加动画效果，来丰富交互体验（图 3-3）。

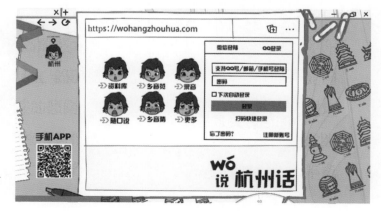

图 3-3　杭州城市旅游形象推广方案 / 学生作业（肖奥涵）

第四节　网页的建构模块与视觉元素之间的关系

一、网页建构模块

网站本身一定具备一定的结构，这样浏览器才能对其识别并进行创建和显示。以 HTML 文档为例，其中包含了一系列相互嵌套在一起的标签，这些标签中的设置参数及属性共同规定了文档的建构。对于 UI 设计师来讲，掌握和了解一些基本的原理可以帮助创建出更加独特的交互体验设计。

HTML 文档的结构由两部分组成：头部（head）和主体（body）。头部的内容涉及网页命名及分类，并规定了页面的视觉样式及交互方式。这部分在网页中是不可见的，构成了用户界面背后的交互原则；主体部分则正好相反，大部分内容是可视的，将文档语言与具体的脚本结合在一起呈现给用户。

二、图片的应用

通常情况下，网站经常使用 JPEG 和 GIF 这两种格式的图片文件，JPEG 文件格式可以包括百万种色彩信息，在文件格式的设置对话框中，可以通过"品质 Quality"滑块设置来压缩色彩采样范围，进而继续缩减文件尺寸。所以 JPEG 文件格式可以兼顾图片色彩丰富和文档尺寸的优势。在压缩过程中，丢失的色彩信息往往不会造成视觉上的明显差异。与 JPEG 文件格式相比，GIF 文件格式的色彩范围只有 256 种色彩，所以在设计的过程中，比较适合存储一些色彩单一的图片信息，比如标志与图标。不过 GIF 文件格式的两个明显优势是可以存储透明通道的图层信息以及制作简单的 GIF 动画。

另外，PNG 文件格式在交互设计中应用也非常广泛，同时兼有以上两种文件格式的优点。首先，它是一种位图文件存储格式，在进行文件压缩时不会丢失色彩信息。彩色图像的色深可以达到 48 位，灰度图像的色深可以达到 16 位。其次，它可以同时保留透明通道图层信息，且能支撑广泛的浏览器显示，所以在交互设计中获得了广泛的应用空间。在交互设计中，应用于屏幕显示的图片分辨率为 72dpi，我们可以通过 Photoshop 软件来对图片进行精确的修改与设定。

三、网络中的色彩关系构建

通常情况下，一般网页中的色彩采用的是 16 位进制的色彩范围设定，即大约 1600 万种颜色。这种色彩运用代码来表示，基本格式是在"#"号后面加上 6 位数字或字母组合搭配。比如白色是 #ffffff，黑色是 #000000，红色是 #ff0000…在 RGB 色彩模式下，前两个字符代表红色的数值，中间两个字符表示绿色，后面两个字符表示蓝色。由于 RGB 色彩模式是加色正向混合，数值 0 就代表没有光线。我们既可以在网站上查询网页色彩代码，也可以在 Photoshop 软件的色彩调板中进行预设。

四、网络安全字体

我们在电脑中一般会事先同步安装好几种常用的字体，以支撑基本的系统运转。而 UI 设计师的电脑中往往会安装大量种类繁多的字体，而且 UI 设计师往往善于运用独特的字体来营造更具视觉魅力的交互作品。作为初学者，我们往往容易忽略这样一个问题：在设计师的电脑中，后安装的字体与用户的电脑字体是不同步的。所以 UI 设计师在选择字体时应尽量选择电脑系统自带的字体进行设计，这样可以减小误差和页面的变动。如果设计师在页面设计中坚持使用独特的字体，那么就要对这些字体做特殊处理。要么作为图片置入链接，要么将字体打散成矢量文件，来保证页面设计的一致性（图 3-4）。

图 3-4　内蒙古美术馆 UI 设计方案 / 学生作业（刘天旭）

第五节　树状架构

　　交互设计的准备工作还有很多，比如在明确具体的设计方案、调研、锁定目标用户、实际功能开发及设计目的之后，如何将网站的信息架构进行分级处理，在各个内容之间进行合理、有效的逻辑组织显得非常关键。这项工作是在视觉设计之前与多方协商共同达成一致意见之后开始进行的，如果在设计之初没能达成广泛的共识，就会给今后的视觉设计工作带来很大的麻烦，以及大量的修改工作。

　　针对具体的视觉设计部分，树状的逻辑构架可通过交互设计中各级导航栏的分布设计很好地体现出来，并清晰地传递给用户；同时，网站地图也是一个很好的选择，可将这部分逻辑框架非常直观地展现出来（图3-5）。

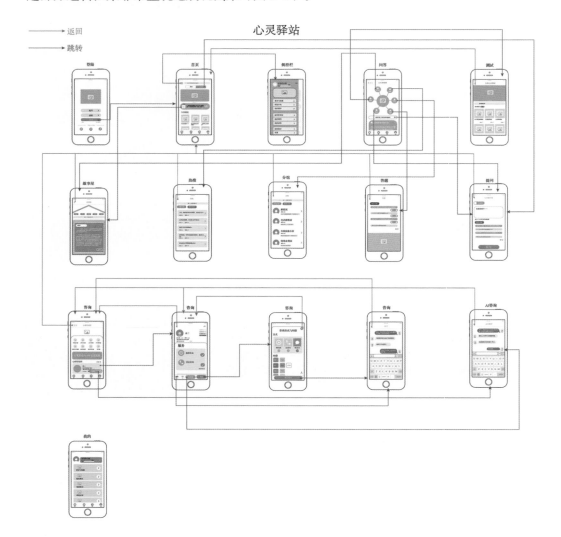

图 3-5 "心灵驿站"心理咨询品牌推广设计 / 学生作业（梁龄方）

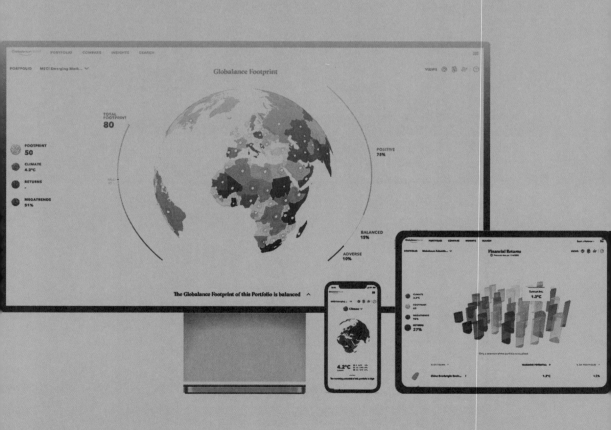

04

承载架构的导航栏

Navigation Bar
for Hosting Architecture

第一节　导航栏的位置及类型

导航栏是为用户创建的操作框架。通过这个框架用户可以了解到整体信息架构、各个组成部分之间的关系、如何操作和移动整个体系。同时导航栏预设了系统内部的组织构架、操作模式等相关的一致性组织原则，并基于此来让用户明白自己目前所在的页面的逻辑关系，明确整个信息意图，合理实现预期任务，获得相应信息，从而体现交互设计与应用程序的自身价值。

一、导航栏的角色

对于具体的操作实施来讲，使用户了解目前所在的页面关系尤为重要，导航栏可以在用户头脑中构建起页面之间的逻辑关系，表达整体的位置关系与架构体系。同时，更大的意义在于导航栏能够在用户心中搭建起关于信息内容的庞大体系与意义，所以导航栏具有与页面标题同等重要的积极意义。

关于导航栏的设计，设计师往往倾向于沿着具体的应用操作流程或者朝着既定的目标直线前进，但是在实际应用中需要考虑的问题相对要多很多。以网站设计为例：多数情况下，用户不会直接按照网站预先设计的框架逐层分布浏览，而是运用搜索引擎进入网站的某一细微层面之后作为接触的起点进而展开交互行为。然后用户再通过网站预设的逻辑框架展开信息的检索与深入。针对多种用户行为具有的不可预测性，导航栏才具有独特的价值来承载整体的逻辑构架，所以导航栏的设计本身应该更有弹性，才能更好地应对用户多元化的阅读模式带来的挑战。

合理的导航栏设计会使整个操作过程变得非常顺畅，甚至会使用户注意不到导航栏的存在，而是在悄无声息的辅助功能之中帮助用户构建流畅的交互体验。同时，优质的导航栏还会为用户引路，及时提示用户当前所处的网站的具体位置。

二、导航栏的类型

导航栏基本有以下几种类型：页首导航栏、全局性导航栏、面包屑导航栏、区域性导航栏、相关性导航栏和页尾导航栏。

针对不同的移动设备以及屏幕尺寸，导航栏的应用类型选择也会有所差别。比如针对智能手机应用的导航栏就比较受限制，屏幕的面积不允许设计师使用太多的空间来放置导航栏，所以垂直叠放和左右滑动的设计样式比较受欢迎。所以，导航栏的设计要根据实际情况实时调整。

第二节　面包屑导航栏

一、概述

　　面包屑导航栏描述的是当前页面位于全局网站之内的位置关系或具体路径信息。一般放在比较醒目的页首位置，辅助全局性导航栏，共同在用户的头脑中构建起网站内部的空间逻辑关系（图4-1、图4-2）。

 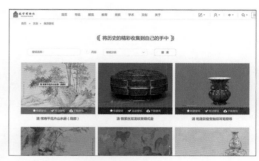

图4-1　深圳市平面设计协会官方网站　　　　图4-2　故宫博物院官方网站

二、面包屑导航栏的分类

　　面包屑导航栏可以很精确地表达浏览网页的具体"位置"及"路径"关系，但是由于动态网站本身结构非常复杂，导致对应的路径会出现多种情况及多种解决方案，所以具体类型可以分为固定型、复合型、变换型。

1.固定型

　　有时，同一子页面会有多种路径可以到达，这样就为规范面包屑导航栏提供了很多不同的答案。为了避免随之产生的矛盾，所以选取最具代表的方案固定下来，无论怎样更换，都显示一致的路径方案，这就是固定型面包屑导航栏。这就避免了后台制作的许多麻烦。

2.复合型

　　在上述情况中，我们可以采取显示全部可能路径的方法，只是这种方式会占用更多的页面空间，这就是复合型面包屑导航栏。同时，会将信息处理得过于烦琐，所以在设计过程中，此种情况要慎用。

3.变换型

　　变换型面包屑导航栏的信息是最精确无误的，虽然有多条方案可以同时指向一个相同的子页面，但是导航条内会如实记录下最确切的访问路径，这样做非常精确，同时给用户带来了极大的便利，但是在编程过程中，给网页的后台制作增加了大量的难度。

第三节　全局性导航栏和区域性导航栏

一、全局性导航栏

　　全局性导航栏是最重要的全局关系结构表述导航，直接描述整个网站的结构框架。一般出现在页首这样比较醒目的位置，通常以鼠标点击之后的效果变换作为激活的标记，在快速浏览全局信息中起到重要作用。

　　从设计的角度来讲，UI 设计师习惯使其出现在全部页面之内，这样可以方便用户随时回到首页及清晰的逻辑框架单元表达中来，方便用户随时定位自己的位置信息。即便不直接出现，也会应用隐藏功能及搭配相应的图标按钮，使用户在第一时间就能灵活地发现，并及时开启全局导航栏（图 4-3）。

图 4-3　"以茶会宠"UI 设计方案 / 学生作业（耿佳慧）

二、区域性导航栏

　　区域性导航栏一般搭配全局性导航栏同步使用，可以将其理解为全局性导航栏的次一级子目录。通常情况下，全局性导航栏和区域性导航栏搭配使用，完全可以把握整个网站的信息构架以及框架结构，提高网站操作的便利性，降低操作的复杂度。我们可以将全局性导航栏看作是整个网站框架结构的横向逻辑拓展，而区域性导航栏就是每一个单元的纵向逻辑延伸。同时，从页面布局来看，常规网站设计也易于将全局性导航栏横放在页首，而将区域性导航栏放置在页面左侧，这样的空间规划更加清晰分明。有时以相同的网站框架在智能手机上进行浏览时，这两种导航模式就会受到限制而有所调整。

第四节 相关性导航栏

相关性导航栏作为一个单独的单元被划分出来，往往在整个页面设计中具有特殊意义和价值。有些网站会将及时更新的或比较重要的内容放置其中，有些销售网站会将特殊的产品推介放入其中。总之，相关性导航栏作为网站内容的必要补充，起到了相对独特和醒目的作用。一般情况下，这类信息的路径不会太过复杂，可以很便利地让用户回到首页中来（图4-4）。

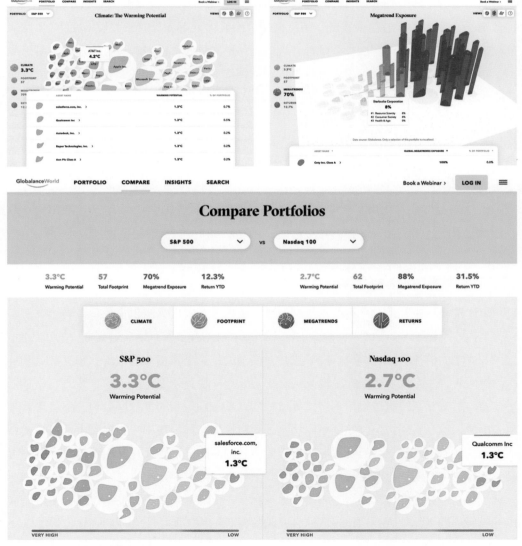

图4-4　Globalance 投资分析平台

第五节　导航栏与层次关系：水平与垂直

垂直型导航栏与水平型导航栏是导航栏最常见的布局样式。不同的方向提供了不同的版面设计风格，也划分了不同的视觉特征及其优势。

一、分析比较两种类型

垂直型导航栏通常会加强版面的纵向分栏数量，UI 设计师通常会将其放在页面两侧，也可以理解为页面核心主要内容区域的两侧。尽管这样会在一定程度上增加分栏的数量，但丝毫不会增加设计的复杂程度，相反会让页面看起来更加具有条理性，便于 UI 设计师根据页面形成的逻辑层次关系建构合理的网站框架体系。同时，垂直的形态更易于清晰显示再次一级的子目录信息，具有更加灵活的优势。不足之处在于相应地缩小了页面核心主要内容区域的显示空间。

水平型导航栏通常易于显示同级别的信息内容，对于次一级目录一般就要借助搭配局部"垂直型"导航栏混合使用。同时不同分辨率和屏幕尺寸的移动设备所放置的信息也有所不同，所以相对来讲，很难迅速地在用户心目中创建出比较理想的整体逻辑关系架构网络。

UI 设计师在选择具体的类型时，一定要考虑到与整体网站架构之间的搭配关系是否合理。如果网站结构非常复杂，那么对于水平型导航栏的运用就要慎重。

二、在导航栏中表达层次

层次关系一般只涉及平行的同级别层次关系和上下层次纵向包含关系。同一级别逻辑关系内容可以在平行的级别间流动以及相互切换，增强了交互体验过程之中的灵活性。这种相互之间的流转性也同时加深了用户对固有的信息逻辑构架的理解。相反，上下层次的纵向包含关系就有严格的逻辑关系以及不可逆转性。

整体的交互系统可以运用垂直型导航栏同时显示同级别的平行层级和上下层次纵向包含层级的信息索引纵览，这样可以将全部逻辑框架一同呈现出来，但会由于篇幅过长而为交互体验带来麻烦，好在可以以点选的方式隐藏次级信息及打开次级信息索引的切换，这样也可以创建更加多元的信息体验。

尽管这种方法能够尽量多地将信息呈现出来，但是复杂的层级关系往往会使用户难以分辨所处的具体位置，这也说明这种冗长的树状结构需要搭配合理的表达方式，以及恰当的搭配体系来完善自我（图4-5）。

图 4-5　深圳市急救中心 UI 设计方案 / 学生作业（袁玉润）

第六节　固定导航栏与灵活导航栏

　　一般情况下，为了防止用户在浏览网页时迷失方向，UI 设计师就要考虑设置某些固定不变的元素来防止此类情况发生。其中，设置固定的导航栏就是非常有效的解决方式，尤其是固定的全局性导航栏和区域性导航栏，它们可以随时让用户回到自己熟悉的环境中，再次出发来探索新的网站空间。

一、固定不变的位置

　　通常情况下，将重要的导航栏固定在统一的位置是比较常用的方法。在同一个网站的内部，所有页面都应该设置具有相同位置和信息的固定导航栏。即便是某些个性鲜明的网站设计，也倾向于将一些重要的导航信息置于比较醒目的统一位置上。如果设计本身需要全屏突出页面的主要内容，UI 设计师也不可能抛弃固定导航栏，而是可以考虑将固定导航栏隐藏起来，并且能在用户心中达成广泛的共识，使用户随时可以确定自己的位置（图 4-6）。

二、固定起点

　　页面之间的切换可以通过页面之间内容的差异来提醒用户。通常情况下，我们阅读的习惯以及理性的判断会帮助我们更好地理解信息的传递。所以 UI 设计师在进行信息编排时，同等逻辑层次关系的信息应该具有同样的展示形式。比如相对固定的起点可以很好地帮助用户判断信息的类别和层次，进而完成高效、合理地传递。这种逻辑关系可以使用户在不知不觉中熟悉信息的环境，大大提升信息传递的效率。

　　但是这种做法不是一成不变的，在某些特殊情况下，稍稍改变编程的关系反而会收到更好的效果，这种情况不适合复杂信息构架传递，所以要慎用。在一些内容相对固定的板块单元之间变换会增加灵活性，比如在"会员注册""联系我们"这样的固定模块中，适当的变化往往会收到更好的效果。

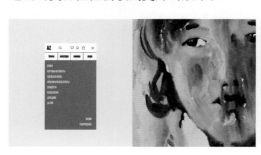

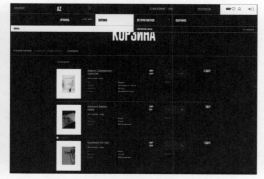
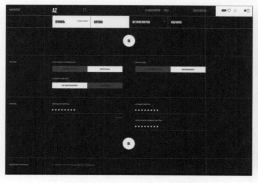

图 4-6　莫斯科博物馆 AZ Museum 线上销售网站

05

第五章

交互的信息结构与视觉表现

Information Structure and Visual Expression in
Interactive Design

第一节　横向、纵向的空间架构

一、虚拟的空间关系

　　交互设计都是由多个页面相互链接而成的复杂的系统。以网站为例，将各个相关的信息页面按照一定的逻辑关系串联起来，必然会在内部产生一个内在的逻辑组织框架，如果没有这个框架的形成，信息就不可能顺畅地传递给受众。同时这个逻辑框架的形成也意味着各个页面之间形成了横向和纵向的空间关系以及前后顺序，当然，这些逻辑的空间关系是以抽象的形式被我们的大脑所理解的。

　　这些前后关系通过链接来实现，同时，页面之内的导航栏可以将这种内在的逻辑关系清晰地展现出来。有些网站为了方便用户使用，同时还配备大脑地图来供用户查阅，这些方法都能很好地将信息构架清晰地传递给用户，并在用户头脑中完成空间关系的搭建，便于用户在逐级访问中及时了解自己所处的信息环节，梳理和更新交互设计中的信息传递。

二、掌握和理解空间位置关系

　　在整个交互体验过程中，对于用户来讲，有效的信息传递过程必须建构在清晰的逻辑框架传递之上。究其根源，在于 UI 设计师如何理解和组织这些事先给定的相关材料，进而组织和梳理成相对客观合理的组织框架。这种理性的信息传递能力可以说是信息设计的基本素养。

　　首先，对于用户来讲，进入一个陌生的交互环境中，首先应该确定自己目前处在什么位置。一般情况下，用户进入交互环境有两种情况：一种是直接接触到首页；另一种是直接接触到分页面。无论是哪种情况，首先要解决的问题就是如何将框架结构信息植入用户的大脑。这样用户才能通过明确的意识引导找到相应的信息内容。然而，糟糕的交互设计是不能第一时间提供给用户这些关键信息的，这样的交互体验就像"盲人摸象"，最终很可能会以失败告终。

　　同时，建构合理的信息框架结构是 UI 设计师的一项基本职业修养。这种建构的能力是相通的，在书籍设计、企业形象设计等设计实践中，都需要我们能够灵活运用这个能力。通常情况下，理性的逻辑分析能力起到了关键的作用。我们运用树状思维结构对信息进行概括总结：从起点开始，依次列出主要的方向，然后依次创建下一层结构信息，以此类推……不过关键之处还在于及时发现这些分类之间的联系，如何很好地创建这层关系对于交互设计来讲是至关重要的。最后就是充分发挥导航栏的作用。

总之，这些方法能够帮助用户快速理解整个交互设计的脉络和结构。在交互程序中与用户搭建合理的、友好的关系，激励用户与程序之间搭建积极的互动行为。

三、视觉元素有助于体现页面的前后关系

我们经常在交互中看到"返回""上一步""回上一页"这样的信息按钮，它们可以非常直观地向用户展示从哪里可以来到当前的页面。当我们按照这条路径向前追溯，页面沿着结构的变化而变化，视觉形态之间的变量也随之不断强化，并且会在用户头脑中构建出整体的视觉风格和视觉语言。也就是说，这些视觉变量本身不仅具有很好的划分结构层级、帮助用户创建逻辑框架的功能，同时还能为共同构建一个统一的视觉系统而努力。同样，视觉变量之间的变化程度也可以很好地向用户解释两个分页之间的关联程度。在这方面，色彩体系的变量应用比较清晰直接。相同单元的分级页面采用同色系的色调关系，不同单元之间应用不同的色调关系，这样有利于我们最直接地划分信息的逻辑层次关系。

因此，可以说衡量页面之间变量的多少可以直接为用户提供了解页面前后关系的依据。变量越大，页面相互之间的关联性就越差，反之则越好。

四、利用交互带给用户的潜意识来定位框架关系

在交互过程中，良性的交互程序在完成操作之后都会有相应的反馈信息作为回应，甚至是听觉和视觉的双重确认。听觉上我们通过不同的反馈声音可以判断基本的对与错，以及相应的类属关系；视觉的表达空间则相对更加丰富——我们利用丰富的转场效果来营造不同的氛围。比如缩放的动画特效会非常清晰地告诉用户转到了一个相关的子网页中来。用户根据这些提示来划分不同的空间层次，久而久之，共通的交互原则培养了用户相通的理解习惯，这些信息的影响也随之进入用户的潜意识之中，成为约定俗成的原则。这些共同的环境有益于在用户头脑中形成架构结构。

五、框架结构的深度与广度

"广度"和"深度"是框架结构体系中"横向"与"纵向"的另一种表述形式，但是侧重点不同。以网站为例：整体的结构框架在"广度"和"深度"之间产生变化。同样的信息内容，我们会有多种分类方式。这就与结构框架的"广度"和"深度"发生了关联。如果架构规划在第二级页面层次中分布过于广阔，在全局性导航栏的设计中就会

带来相应的麻烦，同时也导致整个框架的深度非常简单，这样的交互设计会因此而缺少吸引力。同时也会减弱不同类别之间子页面的联系性，造成信息的过度割裂。所以通过调整框架的"广度"和"深度"，可以使网站的构架结构更加合理（图5-1）。

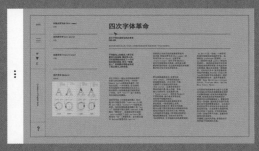

图 5-1　"英文字体演变"UI 设计方案 / 学生作业（翟秋怡 、巩乃馨）

第二节　版式设计在用户界面设计中的应用

所谓版式设计，主要是指在限定的平面空间内，运用理性思维及独特的视觉表现将限定的视觉元素进行排列组合，创造出合适的秩序以及美感。同时，交互空间丰富了固有的二维空间，在固有的空间内做了多层次的调节和延伸，但是从本身的功能来讲变动不大。

版式设计的原则和理论来源于书籍设计。从最古老的 500 年前以德国人古腾堡为代表的古典版式设计，到 20 世纪初欧洲出现的网格设计，再到 80 年代后计算机技术发展带动的版式设计的空前发展，又到 90 年代后期，自由版式在世界范围内的广泛应用，都体现了版式设计的不断巨变以及人们对于版式美感的不断追求和探索。

无论是传统的纸媒介还是新兴的交互媒体，精巧的版式编排永远是视觉传达设计至关重要的一部分。版式设计的优劣，直接影响到使用者的阅读状态。设计师应该在设计理念上准确地把握好设计的理性与感情的关系，致力于追求独特的审美形式以及内涵的融合。

对于版式设计需要遵守四个原则：整体性与协调性、艺术性与装饰性、主题性与单一性、趣味性与独创性。版式的主要作用就是将视觉信息合情合理地、准确地传达给用户。UI 设计师需要采用耳目一新的版式来调动版面的活泼性以及吸引力，但是所采用的视觉形式要与项目主题、应用媒介等相关属性相吻合。

一、栅格

所谓栅格，就是对版面进行规划，进而区分出不同的空间，将信息清晰条理地呈现出来。同时，栅格是隐形的架构，为规范和指导设计师在版面内放置各种视觉元素提供依据。它虽然不会在成品中直接出现，但用户可以通过画面的布局分割感受得到，比如，它控制着文本栏的宽度、图片周围的空白区域、页面之间重复出现的系统元素及其相对固定的位置。总之，栅格给设计师提供了视觉上的一系列参照，是设计师合理安排和组织系统性内部结构的组织原则。

有人可能会怀疑栅格会导致乏味和呆板，所以，在保证系统性和一致性的前提下，一定要将相应的变化引入精心设置的栅格系统。灵活地使用栅格会给设计带来更加丰富的视觉层次。

二、用户界面中的视觉元素

在用户界面中所涉及的视觉元素涵盖了动态与静态的全部内容，文字、图形符号、纹饰、图表、插图、图像、视频文件等图式语言——涉猎其中。下面从设计的版式环节出发，探讨一下不同的图式语言具备的不同特点，及其与交互设计的关系。

1. 图形符号的应用

人类使用图形符号的历史可以追溯到文字发明之前，由于符号本身具有简洁性、针对性和表现力，能迅速引发人们相关的思维联想，所以很早就被我们的祖先所青睐。在交互设计中，UI 设计师常常巧妙地运用当代的图形表现语言来归纳、演绎、提炼信息的内涵和精髓，将其转化为结构简练、内涵生动丰富的图形符号来增强视觉信息传递的高效性以及趣味性。同时，图形符号的应用领域非常广泛、风格表现多种多样，在枯燥的文字之外能为我们的视觉带来一丝兴奋。

2. 插画的应用

插画作为一种重要的视觉传达艺术形式，通过直观的视觉形态可以将文字的内容转述得更加形象生动、明确清晰。其风格多样、形式丰富，应用在交互设计中可以突出主题思想、增强艺术感染力。通常情况下，电脑绘制的插画受到年轻人的追捧，但是手绘的插图转成电子文件后再次应用往往更加容易创造出独特的个性空间。总之，插图能够将抽象的书籍内容转换成更加简洁、形象、明确的方式，通过引人入胜的视觉形象，激发用户的阅读兴趣，也为交互增加了新的亮点（图 5-2）。

3. 图片的应用

图片往往因为其独特的吸引力而成为整个版面的视觉中心。有些用户界面的首页设计将形象图片作为主要视觉元素得到了非常好的宣传效果。高质量的摄影图片内容丰富多彩，琳琅满目。合理摆放和应用既能够保证信息的准确传达，又能很好地平衡图片与文字之间的主次关系；另外，如果图片只是对文字起到提示、补充的作用，那就要注意不要喧宾夺主，而是与文字标题及相关信息组成一个有机的整体，来增强单元内部的整体形象性（图 5-3）。

4. 信息图表的应用

信息图表是将信息、数据及相关知识运用可视化的视觉阐述技巧直观、准确地表达出来的方式。在互联网时代以前，这种信息传递的方式就已经广泛地应用在杂志、报刊等传统的纸媒介。它的表现形式使原本抽象和枯燥的信息变得更加形象和趣味化。随着多媒体时代的广泛应用，动态的信息设计更是易于博得大众的青睐，成为对文字的必要解释和补充，大大地丰富了视觉传播的力量。

在交互设计中，信息图表设计的应用空间更加广阔，其逐渐成为版面内的视觉焦点，活跃交互氛围，增强阅读兴趣。

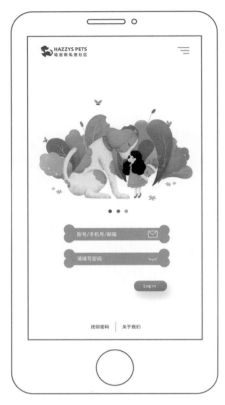

图 5-2 "哈吉斯"UI 设计方案 / 学生作业（宋铭涵）

图 5-3 "折中主义"UI 设计方案 / 学生作业（马傲楠）

三、分栏及页面编排

将版面空间分成一些规整的单位，可简单、可复杂、可规范严格、可松散自由，这种灵活性完全取决于设计方案的调性。以方形为例，通常可采取等分或不等分的分割方式，块面之间可形成倍数关系，或者在单位长宽设定中隐含某种逻辑数理比例关系（如斐波那契数列），这样经典的比例关系便于形成和谐的秩序、严谨的画面结构。

在网页编排中，我们倾向于将空间划分成无数相等的栅格空间，然后根据意图再进行比例划分，区分出不同面积的功能区域（图5-4）。

1. 常规水平分栏

对于文本来说，如果行宽过长，会给阅读造成障碍，导致定位困难；如果过短，频繁的换行也会令人眼花缭乱。所以适当的行宽比较关键，这也成为设计栅格的一个依据。

常规情况下，根据移动设备的不同，以及屏幕阅读方向的差异，我们经常应用一栏、两栏、三栏进行设计。比如，在纵向智能手机界面中通常采用水平一栏或两栏两种；在平板电脑、个人计算机、智能电视等交互媒介中，选择的余地则比较宽泛。

2. 多栏综合运用

这种情况一般用于屏幕尺寸稍大一些的交互设备，且上下划分与水平划分同时应用。在分栏时常应用对比明显的方式：上面单栏与下面多栏对比出现。

多栏变化组合这种分栏方式可以很灵活地将不同功能区域结合成一个有机整体，上面堆叠的单栏可以依次为页首信息、全局性导航栏、面包屑导航栏，接下来的水平三栏依次是区域性导航栏、页面主要内容、相关性导航栏，最后下面还可以堆叠一个页尾的单栏信息。这个结构已经成为目前常规网页设计的基本范式。

相对更加复杂的信息架构网页设计来讲，分栏可以继续应用到"页面主要内容"区域，这样便于更加清晰地呈现网站的主要信息内容。

页面应用多栏以后，图片和文本被设计成与栅格的模块相适应的形式，并且可以利用重复性的单元结构之间的不同组合方案来创造更多的组合样式。并且在同一网站内部，分栏体系可以略有变化。整个框架以相同的模块栅格网格为单位进行多种分割的演化，这样既能丰富页面的分割方式，也可以通过贯穿整体性来加强整体比例的连贯性因素，便于在对大规模的信息进行编辑的同时，以更富有弹性的设计程序来丰富整体的设计表达。

3. 版式创新点——非常规版式

面对一些特殊主题以及强烈个性的设计项目，可以应用一些非常规的解决方法以求获得全新的突破。非常规版式也会在交互设计中找到用武之地。不过对于交互设计来讲，功能性总是格外明确。如果交互设计的全过程完全采用非常规的版面形态，会让用户完全摸不到头绪。所以 UI 设计师往往在其中穿插部分常规导航栏作为指引方向供用户参考。

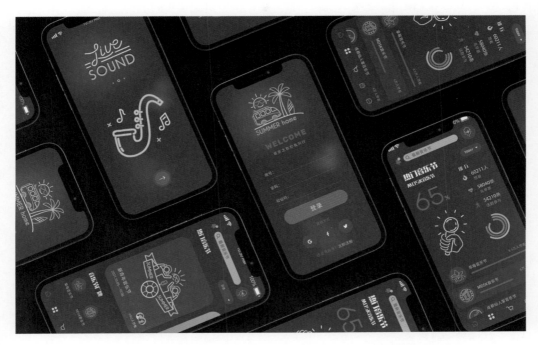

图 5-4 "洛克音乐节"UI 设计方案／学生作业（王瀚那）

在非常规的版式编排中，一个最显著的特点就是留白空间的处理，UI 设计师往往将构图设计成偏重式，然后加上独特的表现手法，比如风格化的插图、个性的图标、灵活变化的文字组合、新奇的动态效果等，这些图示语言搭配偏重式的疏密构图营造出独特的视觉氛围。留白处理在其中起了很大的作用，并且白色的空间位置和面积随着动态画面的变化而改变，营造出疏密有致、虚实相生的艺术美感，这样用户在交互时，才能够放松心情，免于陷入信息轰炸式的常规紧张情绪当中。

在此类设计中，UI 设计师常常遵循以下几种形式法则：节奏与韵律、纯粹与秩序、对比与调和、对称与均衡、动势与重心、虚实与强弱。这些法则都是艺术设计中经常涉及的规律和原则。它们服务于主体内容，是创造形式美感的手段。

同时，在交互设计中，针对不同的设计项目及服务对象，UI 设计师要准确把握设计作品的风格方向、调性与受众人群的喜好相吻合的原则。比如文学类、哲学类、科学类的交互设计风格要严谨，艺术类的交互设计可以更有节奏和创意，儿童相关的交互设计要更加跳跃、吸引眼球，等等。值得注意的是，不同产品的交互设计风格应该具有明显的属性特征——性质不同，设计风格也各不相同。但是它们之间的相同点在于如何运用交互设计的优势来更准确地传递信息，并使用户在愉悦的氛围中接受有用的信息。

四、信息层次体系

层次体系指以信息文本各个组成部分在逻辑上和视觉上的不同重要性作为排序的依据，对一个文本进行层次划分。目的是使版面条理更清晰，页面内容更易于理解。简言之，就是通过区分强化内容与弱化内容来突出视觉设计的主次关系。当然这种逻辑性的信息分级处理不仅局限于文字体系内，所有的视觉元素都可以被列入进来，进行主次关系的梳理。下面以文本为例介绍。

① 层级标示方法可以是空间的变化，如缩进、换行、布局在页面上的醒目位置；也可以是平面设计上的经营，如字体大小、风格类型、颜色、粗细、位置（图 5-5）。

② 文字内容包括标题、副标题、引文、说明文字、内文、摘要等。层次就是通过区分来体现出不同的重要程度及逻辑关系。

五、观众阅读时的视线变化

在设计一个版面时，UI 设计师需要研究观者是怎样从一个设计中接受信息的。一般情况，观者的视线从页面左上角开始，然后是中部，最后是下半部；但是，也有用户会从中部开始，再过渡到左上角。其实这种阅读顺序说明了人们普遍存在的阅读习惯。实际上，一个大标题或者一张极具视觉冲击力的图片都能改变常规的阅读习惯，从而成为新的引导视线的力量。所以，UI 设计师需要注意的是：页面上的每一个角落都有可能成为自己发挥创意、改变阅读视线的可能性，关键是如何学会和利用这些方法。

同时，好的版式还涉及字体的选择、微观版式的设定与调整、标题的处理技巧等多种方面基础知识，笔者在此不一一列举了。总之，版式设计的理论作为 UI 设计师的基本修养在诸多设计类别中发挥着独特的作用。

图 5-5 "海南自由贸易港" UI 设计方案 / 学生作业（郑瑜琳）

第三节　响应式网页设计

在当前多种移动设备并用的时代，用户经常会在不同屏幕尺寸之间切换使用。不同屏幕尺寸所应用的分辨率也各不相同，而响应式页面设计就是在不同屏幕尺寸下提供最适宜的版面设计。当然它的工作原理并非设计出尺寸繁多的应用文件，而是采取区间分段的方式，使一个 HTML 文件同时支持一定区间范围不同屏幕尺寸的设备应用。如以宽度作为参照系数，通常设定区间断点依次为 540 像素、768 像素、1024 像素……由此，同一个设计方案就要应对不同屏幕尺寸进行必要的调整，以满足不同屏幕尺寸下的舒适阅读及交互环境（图 5-6、图 5-7）。

随着技术的发展，响应式的页面设计会变得更加智能及更加灵活，其变化增多，且更加微妙。可变字体就是一个很好的例子。目前的字体已经具有无极变化的可能，并且除了适应屏幕尺寸这种初级的变化外，同时还能通过感应用户的应用环境，对字体大小、粗细、色彩等设计属性做出及时的回应。作为承载可变字体的版式系统来讲，也必定会跟随技术革新的脚步进行更加智能的进化。也许在不久的将来，HTML 文件也可以跟随不同媒介屏幕尺寸的大小而进行无极的智能调节。当然，从目前阶段来讲，我们还只能广泛应用原有的模式。同时如果遇到网站构架特别复杂的情况，当前的响应式网页设计还不能很好地应对这些情况。

图 5-6　"满风物"文创品牌 UI 设计方案 / 学生作业（梁龄方）

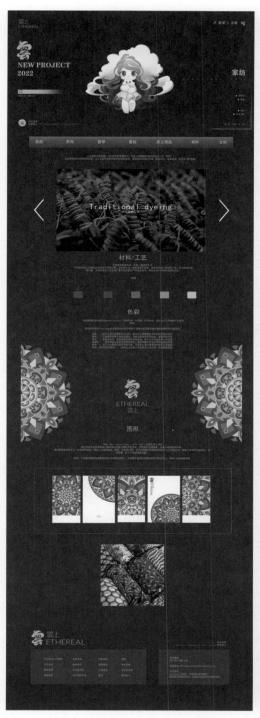
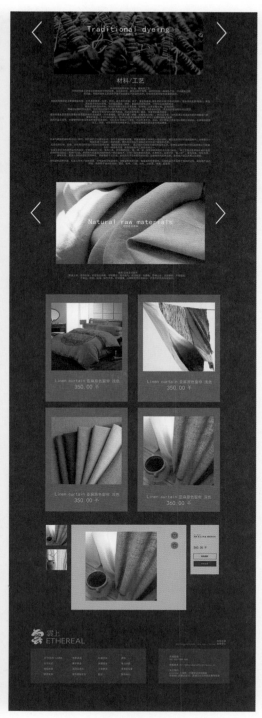

图 5-7 "云上"家纺品牌 UI 设计方案 / 学生作业（于舒泓）

第四节　交互设计的一致性与灵活性

一、交互设计的一致性

在视觉设计中，由于受到品牌观念的影响，我们也希望将这种视觉的一致性贯穿到整个的交互媒体体验中，来不断强化一致性的品牌效应所带来的积极影响。尤其是在大型跨国公司以及国际品牌的宣传推广之中，建立交互设计的一致性至关重要。而在用户实际的应用环境中，又有太多不确定的因素是 UI 设计师所不能主宰和掌控的，比如用户物理设备的性能、操作系统、不同区域的网络环境以及网络管控政策等。但是这些不确定的因素又实实在在地影响着交互体验的好坏。

除此之外，一个不容忽视的事实来自于操作系统的差别，比如苹果 iOS 系统与安卓系统之间的差异。对于用户来讲关键是如何应用交互环境，他们需要在不同的设备间呈现的一致性中确认自己是否在浏览同一个交互页面。操作系统导致的视觉识别上的任何差异，比如元素的位置、大小、颜色等，都会给用户造成困扰。所以支撑一致性背后的技术内容是相当复杂和多变的。同时，我们也不能否认不同的操作系统本身的功能对交互带来的积极意义，比如苹果 iOS 系统在拦截垃圾信息方面就非常卓越，它会为用户减少大量不必要的麻烦和困扰。除此之外，在功能设定方面，苹果 iOS 系统的智能手机没有"返回"按键，所以相应的交互设计就必须考虑在每一个页面中都要加入此项功能来进行顺畅的交互体验；而对于安卓系统的智能手机来讲，这一设置就显得比较累赘。这种来自于系统差异的因素也影响着一致性的识别，需要 UI 设计师来合理解决。

二、交互设计的灵活性

灵活性与一致性完全相反。有些网站非常严谨，拥有固定的体系及响应的设计元素，在体系之间只有信息产生响应的变化（比如搜索引擎的交互设计）；相反，有些交互设计则具有很大的灵活性，无论是网站的开放式的架构体系，还是相关联的设计元素，甚至是随着访问量的多少而进行任意调整和实时生成的视觉元素体系，都体现了灵活性特征。这类交互设计的特点和风格可以说是后现代设计思维的典型代表。高度的灵活性同时也意味着缺乏统一性和整体性，进而在新奇的同时，也可能给用户带来诸多迷茫。不过优秀的后现代设计思维也并非没有精品出现，这些自由背后往往牵涉一系列的整合原则，可以使用户在灵活的基础上体会到一些共通的理性原则，进而更好地把握整个交互体系。

三、一致性与灵活性的整合

基于以上分析，目前大多数的交互设计都是在一致性与灵活性相互渗透的基础上展开设计的。过于追求一致性不仅会导致页面设计过于死板，还会影响页面信息的升级改造。对于任何可持续的设计项目来讲，页面的信息都不是一成不变的。设计师需要拥有一定的灵活性来应对不同的需求随之带来的页面升级和修改的具体情况。过于固定的方式不利于整个交互体系的良性发展。同时，一致性的原则带来了诸多好处。在用户的认知体系中，其不仅可以使相同类别的信息建立同等对应的操作模式与应对方式，还可以在整个品牌的认知过程中建立一致的识别力。所以，对于 UI 设计师来讲，两者的合理融合尤为关键。在设计实践中，根据不同设计案例的具体需求实施调节这两者的结合点，更好地明确应用程序的功能和意义，这样才能更好地明确设计的方向。

在建立一致性原则的同时，要兼顾整体性原则、包容性原则，为合理的灵活性调整设置出一定的空间和可能，便于设计工作的后期开展，以及应对甲方客户突如其来的意外灵感爆发。这样也能为 UI 设计师提供更多可以变通的余地（图 5–8）。

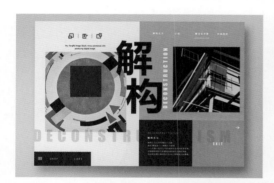

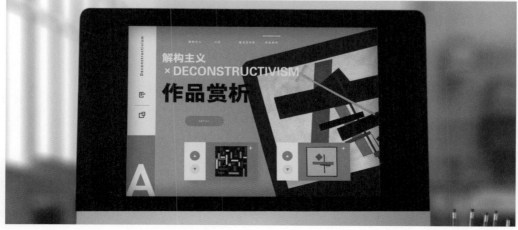

图 5-8 "解构主义" UI 设计方案 / 学生作业（李想）

第五节　图示与图标

一、矢量图形

矢量的数学含义是指在二维或多维空间中，既有大小又有方向的向量。矢量图形应用非常广泛。在设计软件中，锚点（节点）通过 x 轴和 y 轴上的具体参数来确定其在二维平面中的具体位置，通过多个锚点之间的连接，以及改变锚点的属性和相连线条的曲率来创建路径，并填充颜色及图案。因此，一维的线构成了二维的面，成了造型的基本组成方式和构成原理，并且随着比例的放大和缩小，线条的清晰度和精确度依然保持不变。这就使得以"线"为编辑手段的二维图形有了便利的表现形式，方便修改和编辑（图5-9）。

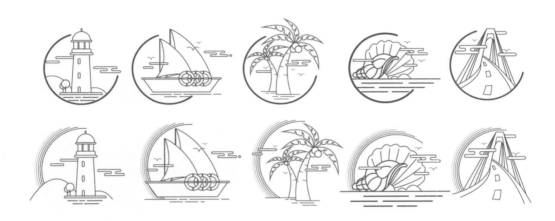

图5-9　矢量图标设计／学生作业（张伶鸽）

二、图形的概括与简化

对物像的概括和简化是从具象到抽象的过程，这个过程以对具象的感知作为起点，在观察的过程中，通过对个别事物的观察，从中挖掘事物的共性及本质，从而进行分析、简化和抽象提取，然后经过综合与比较，完成对事物形式结构的视觉表述。之后进入更加抽象的阶段，对造型进行几何化的分析与简化，在形象性的基础上减少元素的数量，达到意象化的表达。此时的图形归纳具有明确的视觉所指，对于将来的图标开发具有明显的积极意义（图5-10、图5-11）。

图 5-10　矢量图形概括与简化 / 学生作业（张伶鸽）

图 5-11　矢量图形概括与简化 / 学生作业（王瀚那）

三、图标的形象性

图标的形象性中隐含着与之对应客观实体相同的结构关系，只有这样才能在受众的心目中创建起相通的艺术形象。同时，也只有这个艺术形象被广泛的受众感知以后，才具有被设计应用的可能。由此 UI 设计师如何创造形象性成为我们关注的重点。

1. 形象性的历史变迁

早在罗马晚期，艺术大师们就已经创造出了体积感和深度感很强的形象，显示出了颜色的无穷变化以及亮度和质地的层次变化，也已经掌握了透视缩短的技术，能牢牢抓住那些瞬间即逝的面部表情和动作姿态（图 5-12）。

进入中世纪，人的肉体被看成是容纳苦难和罪恶的容器。因此，视觉艺术不再用于赞扬人的肉体美和重要性，而是一种精神的象征。通过减少体积感和深度感，减少颜色的层次和变化，这样的简化终于把人和世界变成了非物质的东西。它通过一些对称的构图，表现了宗教中各种等级森严的级别，以及这些等级的不可动摇性。这样，宗教艺术就剔除了一切偶然的、暂时的以及低级的姿态和姿势，而大大突出了那些恒久有效的因素。这种呆板而又简单的形状，表达了禁欲主义所提倡的严格的纪律，表现了人对物质以及自身情感的疏远。这些简化的形状与人的心理领域的关系变得更加密切了（图 5-13）。

在现代派艺术家的笔下，呈现出对客观世界相貌特征逐渐减少的趋势。当这种趋势发展到顶点的时候，艺术就变成了纯抽象的了。这种与客观对象的形象相脱离的趋势，产生了那些类似几何形状的艺术形象。这种倾向在立体派艺术中表现得非常明显，之后的艺术家则更加大胆。像保罗·克利（Paul Klee），甚至按照欧几里得几何学原理推导出来的图形进行创作。另外一些艺术家，像摩尔（Moore），则喜欢运用复杂的、有机的曲线及几何形状。这些艺术的风格化特征非常强烈（图 5-14～图 5-16）。

图5-12 《一对夫妇的壁画》意大利庞贝（公元70 — 79年）　　图 5-13 　《凯尔经》手抄本插图（局部）

图5-14 康定斯基（Kandinsky）作品《构成》　　图 5-15 保罗·克利作品　　图 5-16 摩尔作品

2. 图标设计中的形象性

图标设计广泛地吸收了现代派艺术家的表现方式，适当地放弃了部分感性的形式基础，融入适当的抽象形式。这种表达需要更为敏锐的洞察力以及在现实的基础之上进行提取：省略那些偶然性的细节，观察到更为全面和本质的内核。这一过程就是从个别和表面的现象后退中直接地把握事物的本质。运用精确的几何图形直接地表现隐藏在自然结构之中的本质（图 5-17）。

图 5-17　家乡图标设计——吉林松原 / 学生作业（高宝怡）

3. 形象进入丰裕的象征空间

在现实主义风格的表现中，由于物质的显现占了绝对的优势，这就使得暗喻意义失去了存在的空间。而在半抽象的表现中，形象的物质性显然已经不完整了，画面中那些代表物质的符号已经通过"理念"的转移改变了原来的意指范围以及相关内容，进而增加了形象的象征价值。这些象征价值变成了设计师再现融汇多重概念的思想载体，通过可见的形象展现出了更加丰富的"不可见"的内容以及概念（图 5-18）。

图 5-18　家乡图标设计——辽宁辽阳 / 学生作业（杨睿涵）

四、从单个元素图标到复合元素图标

1. 单个元素的图标设计

图标设计的训练方式以单个元素的图标设计作为起点。首先，通过对客体进行全局性观察，选取最具代表性和高识别度的角度作为形象的参照来源。其次，经由速写对客体进行造型的初步提取。接下来，进入最关键的概括提取阶段。在这一过程中，将线条做抽象化的几何归纳，力争用最简省的线条在造型的形象性和几何化的抽象曲线之间衡量、比较、取舍以及博弈，努力找到最合理的视觉造型，既能将客观物像的形与神表现出来，又能做到最精简的概括。之后进入丰富的表现形式阶段。在这一过程中，我们要在基本造型的基础上进行表现形式的拓展。表现语言是丰富多彩的，扁平化的风格只是一种经典的表现手法，我们还可以运用各种表现材料的风格特性、历史风格的借鉴等多种思维探索来丰富图标的表现语言。最后，将色彩应用其中，完成单体图标的开发设计（图5-19）。

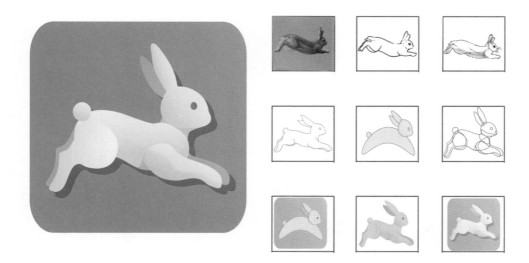

图5-19 矢量图形概括与简化/学生作业（刘桂萌）

2. 多种视觉元素的组合以及多个视觉形象的析取

（1）多种视觉元素组合。图标往往以一定形状的几何轮廓或块面作为背景，以便将多个内容独立的图标进行系统化的整合。在这一过程中，我们往往需要将多个单体形象进行组合构成，以便组成一个有机的视觉整体。在组合构成的过程中要考虑元素之间的主次关系、大小对比、形象特征的局部选取，以及节奏韵律等基本形式语言的把握（图5-20）。

图 5-20　家乡图标设计——山东泰安 / 学生作业（马傲楠）

（2）多个视觉形象的析取。析取是将不同的形象进行中和的一种表达手法。多种造型具有各自不同的含义，我们可以截取最有代表的局部来重新进行组合，在这一过程中可以借鉴图形创意课程中的一些表现手法以及创意思维来丰富我们的图标形象。比如超现实的想象与联想就会经常用到（图 5-21～图 5-23）。

图 5-22　城市图标设计——黑龙江哈尔滨 / 学生作业（由婧瑶）

图 5-21　大连图腾图标设计 / 学生作业（郭欣绮）

图 5-23　大连图腾图标设计 / 学生作业（梁龄方）

五、两个元素图形在固定单元背景中的位置关系

图标设计经常被置于简洁的几何单元背景中（图5-24），这是一种将系列图标进行简化和整体化的最常用的处理方式。接下来分析一下两种元素的不同组合关系，从而更好地处理平面空间的关系。

图5-24　家乡图标设计——吉林长春 / 学生作业（王姝懿）

我们以简洁的几何形代替复杂的轮廓单体，观察图形在不同的组合方式下具备的各种空间特色。

图5-25中的几何形在纵深空间中发生了分离。根据两个图形的分离过程，我们总结出5种基本样式。

① 在图5-25（a）中，正方形的中心与圆形的圆心重合在一起，由于正方形的边长与圆的直径相等，这种简单的排列就达到了高度的统一。

② 在图5-25（e）中，我们看到了强烈的分离效果。二者互不接触，各自保持自身的对称性。

(a)图形1　(b)图形2　(c)图形3　(d)图形4　(e)图形5

图5-25　几何形在纵深空间分离

③ 图5-25（b）~（d）三种重叠状态看上去都是要将整体分裂成两个小单位，破坏了整体稳定统一的效果。如果在三个图形之间做比较，在图5-25（c）中，由于圆形的圆心不仅位于正方形的对角线上，而且正好与正方形的一个顶点重合，这样就以正方形的对角线为中心线，形成了一种新的对称关系，从而增强了它的整体统一性，分裂的倾向也是最微弱的。

在图 5-25（b）（d）中，两个元素单位之间的张力加大，圆形和正方形都具有一种改变自身现有的位置达到独立完满状态的倾向，这种倾向使它们各自朝着两个极端的位置发展——重合或分离。所以它们之间的张力就更加明显地表达出来了。实际情况是：这两个单位在二维平面内是永远不能改变自己的位置而达到完满状态的，但这并不妨碍它们在第三个维度上进行分离。在图 5-25（b）~（d）中，这两个元素单位看上去都保持着一前一后的重叠关系。这样才能使两个互不配合的元素单位在第三维度上分离开来，从而使整个样式达到最简化的认知状态。

通过以上的分析，我们将其转化为轮廓丰富的图标组合，这些道理依然适用。

六、发生重叠关系的轮廓线特征

1. 两个元素单体的重叠

两个重叠图形的逻辑关系在它们的交叉点上被暗示出来了。相交之后，轮廓线仍然保持着连续完整状态，会被看作是位于另一图形的前面。就像图 5-26（a）中的情形。

（a）图形1　　　　（b）图形2　　　　（c）图形3

图 5-26　两个元素单体的重叠

按照上面的原则分析图 5-26（b），从中我们看到了一种相互矛盾的状态，在一个交点上暗示出来的重叠效果与另一个交点上暗示出来的重叠关系互不相关，即逻辑关系相互矛盾。所以就使人产生出一种茫然、不知所措的感觉经验。

图 5-26（c）中我们倾向于把前面的矩形看作是不完整的，将后面的矩形看成是完整的长方形。

以上的例子说明，在大多数情况下，起决定作用的因素还是图形的"连续性"。通过交点显示出来的空间关系还要与该交点前后左右的元素及相互关系关联起来进行验证（图5-27）。

图 5-27　家乡图标设计——吉林长春 / 学生作业（于舒泓）

2. 连续性原则

在图 5-28 中，前两个图形中的直线分别被横线和矩形遮断了，单独通过这些信息我们是感受不到直线会在遮挡物的后面继续延伸的可能的，进而也就看不到前

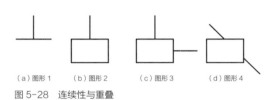

（a）图形 1　　（b）图形 2　　（c）图形 3　　（d）图形 4

图 5-28　连续性与重叠

后的空间层次关系。在图 5-28（c）中，情况就不同了。将矩形后面的两条直线联系起来，刚好是一个直角的两条边线，进而具有了构成新的矩形的趋势，在纵深空间中产生了向立体性形式转化的可能。在图 5-28（d）中，将两条被遮断的直线连接起来后，融合成了一条直线。在纵深层次空间中，它从四边形下面穿过去了。通过这几个图形，我们借助连续性原则获得了立体空间。在以"线"为主的画面中，形状的连续性原则尤为突出，成为决定重叠关系的最重要的因素（体积、光线等形式要素也可以产生重叠关系）。同时，重叠关系也可以清晰地表达出单元画面中各元素在三维空间中的顺序关系。对于图标设计来说，在单元面积内创造纵深三维空间的最好方法，就是通过互相重叠着的元素组成连续性系列来取得丰富的空间关系。这个系列像一层层的幕布一样，引导着受众的眼睛从最前面看到最后面（图 5-29）。

图 5-29　家乡图标设计——山东烟台／学生作业（刘泓彦）

3. 重叠关系产生空间的原因

我们之所以能够在一个图标内看到纵深层次空间，可能是因为我们在观看时无意识地联想到以往在物理空间中观看的体验。但是，如果根据图 – 底关系的简化原理，我们的视知觉系统会自动将受到遮挡的图形简化为三维空间的层次关系。如果其中的一个单

位遮挡了另一个与它重叠在一起的单位，这个被遮挡的形状为了恢复自身的完整性，就要把整个图形在正面分离成两个纵深平面的空间关系，进而使这两个分离的平面处于离观者不同的位置上。也就是说：被遮挡了轮廓线的物体总要争取自身的完整性和连续性。这种连续性的获得，也只有将被遮挡的图形看成是位于前面图形的后方才有可能。这样，我们就在平面空间的图标内获得了纵深效果的三维空间（图 5-30）。

图 5-30　家乡图标设计——湖南长沙／学生作业（李英）

七、图标表现语言

1. 轮廓线——探索表达形状的边缘

我们主要通过视知觉感知物体的轮廓，同时还夹杂着一些触觉感应下的动觉经验等。多种感觉的复合，带来了不同的感受和发挥。转移到画面上之后，其会对造型的表现形式造成直接的影响。比如，苹果表皮的光滑与菠萝外表的鳞片状结构形成鲜明的触觉感受，这种感受折射到内心之后，表达的形式语言就会迥然不同。

我们搜索形体连续性的边界线，使它与背景截然分开。这个轮廓分明的边界线在视知觉的作用下，经由我们的大脑之后被提取出来，如果条件允许，我们还可以运用触觉，顺着它的结构去验证它的轮廓，与大脑中理解的边界线互为印证。那么，物体本身的立体结构、明暗变化以及阴影关系，都围绕这个边界线发生作用，被我们理解，边界线本身富有更加丰富的变化。同时，这条边界线的清晰程度随着光线的强弱变化而变化，在微弱的光斑照射下，也许轮廓线的连续性被中断了，已经不完整，甚至是消失了，光线成了画面的主角，凸起的部分逐渐变得抽象起来。消失的部分留下了更多的想象空间，我们运用想象力来将它补充完整，然后在头脑中进行比对，再一次确认识别形象。光线在转换中发挥了重要的作用。同时，光线方向的调整带来了更多的可能，通过侧光，我们再一次获得了明确的且不连续的边界线，这条线的变化更加丰富，加深了物像的立体空间（图 5-31）。

图 5-31　家乡图标设计——浙江杭州／学生作业（肖奥涵）

2. 明暗和光线——丰富的表达及隐喻

我们可以运用灵活的视觉表现手法搭配不同的光线照射角度，来对同一个物体的造型做出多种丰富的描绘，这些尝试可以使我们灵活地在"线"和"面"之间随意地转换。通过光线，我们可以认识到诸如形状、线条、质感、肌理、空间等基本画面构成元素。光线在画面中的表达也经历了不断的变革：从简单的表达形体到科学的光学探索，再转到主观的控制和布局等阶段的不断革新。

但是光线对于我们的直觉来讲，是我们用眼睛直接经历的，它与科学家对光线的物理解释迥然不同，眼睛对太阳的描述更倾向于：太阳围绕着我们，从东方升起向西方落下，随着它的升起和降落，光线也由弱变强、由强变弱。升起的朝霞伴着蓬勃的生命，消失的晚霞带走了宝贵的美好。这些情感似乎也是我们的眼睛直接从光线里面感受到的，影响着我们的情绪。

物理学家告诉我们，我们的生命是借助太阳的光线来维持的，那照亮天空的每一道光线都是穿越了1.5亿公里的黑暗路程才来到我们这颗蔚蓝色的星球的。但是在生活中，我们不愿意过多分析光线是如何由一个物体传送给另一个物体的，它好像是我们周围的物体自身散发出来的一样。对于黑暗的理解是，黑暗似乎是与光线相对应的一种力量，就像一个黑色的大斗篷将发光的物体掩盖起来了。所以我们总是依赖自己的眼睛、直觉来直视整个世界，科学的理解总是需要更多的理性思考和时间来加以揣摩。

（1）明暗法。为了突出物体的立体结构，古代的艺术大师运用阴影来表达，后来又发展为明暗对比。古希腊早期，人们并不会按照物理空间中光线照射的原理和规律来表达阴影，我们的祖先应用线条来进行表达，之后是在相同质地的物理表面添加平面色彩。随着时间的推移，人们不断注意到空间中光线分布不均的现象，开始意识到光线和阴影对于空间的作用。早在古希腊，画家们就发明了阴影绘画，如在马其顿首都佩拉保存完好的卵石镶嵌画《猎鹿图》（图5-32）中就运用了明暗法。阴影连同轮廓线向后退去，亮色调的部分就被凸显出来了，这样一种视觉感受被主观地应用，而不是完全基于客观光照的事实。这种情况在中国的传统绘画中也同样存在，南北朝时期画家张僧繇（图5-33）擅长画佛像，吸收外来艺术，将印度传入的凹凸画法应用在自己的创作中，在线条中加入明暗关系，利用水晕创造出立体效果。同时，从中我们也可以看到文化从西方传播到东方的脉络。阴影法加强了画面中各个元素之间的重叠关系，但是我们却没有必要把这种画面理解成光照作用产生的，因为它只是表达了一种画面纵深空间中的位置关系。

图 5-32 《猎鹿图》局部

图 5-33 张僧繇作品

（2）明暗对照法。在文艺复兴时期，科学的光线描绘成了时代的主旋律，这种探索直到印象派出现。光线的照射给画面中的各个元素提供了一个统一的基础。它首先占据最突出的位置，然后向四面八方递减。光线所到之处，物像才能被显露出来，这样产生的画面形式与轮廓线的表达是截然不同的。文艺复兴之初期，光线纯粹地表达物像的立体感，阴影表达物像的三维属性。达·芬奇（Da Vinci）的"明暗对照法（Chiaroscuro）"走向成熟（图 5-34）。

（3）戏剧性光线。当光线进入卡拉瓦乔（Caravaggio）的绘画时，主动性又显露出来了，强烈的光线（如酒窖光线）有时会使统一的物体陷入分裂，毁坏连续的轮廓线，从而增加画面的戏剧性、怪诞性，调动感官，使视觉兴奋。渐渐地，光线似乎具备了更多的魔力（图 5-35）。

（4）象征性光线。在伦勃朗（Rembrandt）的光线中，"象征性"发挥出来了，光明和黑暗似乎是"善"与"恶"的对立，变成了一种象征或启示，一束光线从上方射入一个狭窄黑暗的场景，大地成了黑暗的底层，人们祈求上苍中唯一的"神"，光线的强弱依据故事的情节展开，而不是客观光线的衰减。同时，其又表达了光线的反射作用。但也是主观的设定。画家运用光线照射法，掌握了其中的奥秘，将画面中的各个元素之间按照意义的大小来经营光线的强弱，而不是依据科学，这样可以很好地突出主题，引导观者的视线（图 5-36）。

图 5-34 达·芬奇作品　　　　　　图 5-35 卡拉瓦乔作品　　　　图 5-36 伦勃朗作品

（5）光的分解。在较早的视觉生理反应中，不会包含高级别的思维活动，即视网膜上每一个最小单元都具有单一的色值（亮度值和色彩值），如果绘画可以提供与物理空间带来的刺激相同的原理，也就是说画面上每一点都具有各自的色值，那么这就达到了物理的科学的"真"，这种探索就是印象派的尝试，尤其是"新印象主义"（图 5-37）。这种色彩的混合原理就是"中性混合"。但是要想将人的眼睛练就得像感光胶片一样敏感是不可能的，同时精确的表达也是大打折扣的。在印象派的绘画中，画面显示出光辉，物像的轮廓线也会因此变得更加模糊，我们看不到清晰的轮廓线，表面的肌理质感也几乎被同质化，光线似乎从物体内部发射出来，尤其到了新印象主义时期，每一个色点都有一个色值，这些色点平等和谐，自成一体。

（6）渐明法和渐暗法。在印象派之后的现代派绘画当中，清晰可辨的轮廓线又回来了，塞尚（Cézanne）运用渐明法和渐暗法使相互重叠的单位分离开来，之后的大部分立体派作品中也用这种方式来主观地组织画面的空间关系（图5-38）。

（7）正负形的简化。在某些艺术家如乔治·布拉克（Georges Braque）的作品（图5-39）中，光线逐渐走向主观。他将亮部和暗部的空间层次最大化地压缩，并且赋予两个部分不同的含义和形象，两个部分矛盾的结合也再现了特殊的思想内涵和主题，为艺术家的主观表达开辟了新的方向。

图5-37　修拉（Seurat）作品　　　　图5-38　塞尚作品　　　　图5-39　乔治·布拉克作品

这些表达光线的绘画技巧也被设计师借用到视觉设计作品中。在图标的设计中，结合电脑的表达技巧增强了光线的表现力（图5-40～图5-42）。

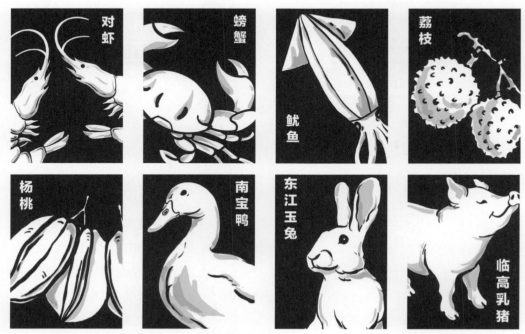

图5-40　明暗法/"海南省临高县礼物"图标开发/学生作业（袁梦泽）

图 5-41　渐明法 / 家乡图标设计——浙江湖州 / 学生作业（梅至涵）

图 5-42　正负形 / 社区酒吧图标开发 / 学生作业（全文希）

八、图标中图形构成方式

　　图标中经常涉及多个相关视觉元素的组合同构，我们可以运用图形创意的根本原则和方法来更好地组织这些单元图形，进而寻求视觉传达信息的独创性表达。图形与图形之间的组合方式成为视觉元素中最吸引人的直观动力，独特的创意思维继而成为图形设计成败的关键，它首先以传播信息的准确性为根本原则，通过构建巧妙的关联，将多种丰富的含义注入视觉图形之中。同时又要以新颖的表达方式和新异的视觉形象引人关注，发人深省。接下来分析一下常见的图形创意的构形方法。

1. 同构图形

同构图形是将相互间有联系的元素及相关内容重新组织在一起，构成新的视觉意象，从而产生更加丰富的视觉联想及含义的构形方法。其中的连接和转换是通过新奇的、合理的联想和想象实现的，所以我们要有善于观察和建立联系的能力。善于发现和构建物体与物体之间的联系，既可以从造型与造型之间的相似性出发，也可以从自己积累的常规的知识经验出发，还可以把个人独特的感受、情感融入其中，然后通过夸张的、非常规的视觉展现，寻求合理的共鸣和恰当、准确的传递。

同构图形是最常见的一种构形方法，它打破了观者头脑中常规的视觉形象和理性思维，通过新奇的视觉形象和表现形式来吸引眼球，引人注意，重新在受众心中建构出合乎目的的新关联。同构图形主要包括异形同构、置换同构和异质同构（图5-43）。

2. 共生图形

两个或两个以上的元素相互依存，为对方的存在提供依据，或者说一个元素成为另一个元素的存在条件，一方失去时另一方就无法存在。这种相互依存、相互借用的图形就是共生图形。通常分为属性共生图形、正负形共生图形和轮廓线共生图形（图5-44～图5-47）。

3. 复合图形

把几个相同或完全不同的元素组合成一种奇特的图形即为复合图形。从形象的组合中表现出非现实或有悖于常理的奇特创意（图5-48）。

4. 闭锁图形

大部分人初看闭锁图形时，会觉得画面是支离破碎、无法识别的。画面中看似毫无关联的各种形状被集合在一起，但是通过我们的知觉联想，会将这些散乱的形状重新整合成可识别的新形象。

5. 重叠图形

重叠图形把多个形象重叠地组合在一起，不仅最大限度地节约了平面空间，又极大地丰富了图形的内涵。

图5-43 同构图形/"旧物魔法"图标开发/学生作业（陆文萱）

图5-44 共生图形/"拥护蔚蓝"图标开发/学生作业（郑家鑫）

图 5-45　共生图形/"花城礼物"图标开发/学生作业（胡蔓洁）　　图 5-46　共生图形/"哈吉斯"图标开发/学生作业（宋铭涵）

图 5-47　共生图形/"哈吉斯"图标开发/学生作业（周思颖）　　图 5-48　复合图形/"海南自由贸易港"图标开发/学生作业（东雪）

九、图标表现风格借鉴

　　将图标表现风格的探索与现代设计的历史风格演变相联系起来，既可以使我们更好地理解现代设计的演变发展过程，又可以通过数码媒介手段的介入拓展和丰富图标的形式表达语言。以数码媒介为基础的创意设计从来都没有停止过对过往风格的借鉴。这种探索在新的人文环境中焕发光彩。

1. 表现主义木刻风

　　表现主义木刻风源于艺术家对象征主义的探索与表达。画面中综合了多种艺术形态和思想，包括印象派科学的光线原理表达、野兽派淳朴自然的造型、后印象派的情绪表达、地域文化中精神的神秘与灵性、自我的内在追问与表达、世纪之初科学发展的振奋……都融于黑白分明的线条及画面的组织结构中。这些看似粗糙的线条、扭曲的变形、夸张的构图、激进大胆的想象力，带给我们强烈的视觉震撼（图 5-49）。

　　这种木刻风格一般采用单色色块填充，有明确的轮廓线边缘，在创作时可以将手绘图形进行扫描，通过 PS 软件转成路径后再拷贝粘贴到 AI 文件中，在矢量图形操作平台中，利用锚点进行细节的修整（图 5-50）。

图 5-49　表现主义木刻风 / 家乡图标设计——河北秦皇岛 / 学生作业（刘子卓）

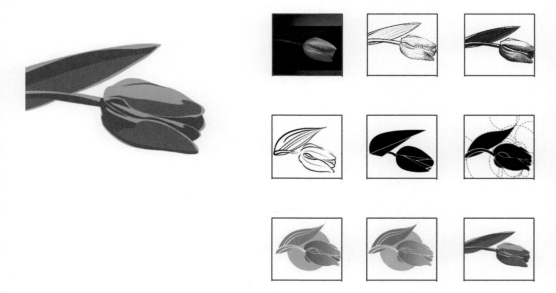

图 5-50　表现主义木刻风 / 矢量图形概括与简化 / 学生作业（马傲楠）

2. 未来主义动感风

　　"将机器神话为现代精神的图腾"，未来主义动感风源于意大利艺术家群体，后发展为当时欧洲最广泛的艺术运动。在平面设计中，运用听觉和视觉的通感转换，将这个时代躁动的声音转化为动感十足的画面，追求有力量、速度以及狂热氛围的画面效果。既然"运动和光线破坏了实体的物质性"，艺术家就要运用一种新的视觉效果来赞美这个新的时代。英国先锋革命性艺术运动——漩涡主义是这一风格的最好诠释。"漩涡"意为所有能量的汇聚中心，与未来主义一脉相承，实际上可以将它等同于未来主义。画面大胆地运用非常规的色彩，在构成上建构了一种蓄势待发的张力和动感，表达了摧毁一切腐朽力量、拥抱当下的革命热情。

3. 俄罗斯构成主义风格（形式语言构成）

俄罗斯构成主义风格是早期的几何抽象风格。它将人的主观精神与认知过程、物质活动综合构建在一起，也就是侧重通过视知觉对视觉形式（尤其是抽象形式）的认知及生理反应达到对精神层面的影响，进而实现社会救赎的革命目的。这种艺术追求打破了受众传统的被动接受的角色，调动了他们积极投入艺术欣赏之中的热情，鼓舞人心，完成价值的传递。建构主义者奉行集体主义，风格明确、客观、毫无矫饰。

4. 迷幻风格

迷幻风格是美国 20 世纪 60 年代青年文化的代表风格。其受到了反主流社会的嬉皮士运动的影响，在视觉上追求强烈的兴奋刺激和快感。通过强烈的色彩对比、视觉元素的堆叠及夸张变奏，营造出强烈的、炫目的、激情的画面氛围。

5. 地域文化、民族精神与国际主义风格结合

在晚期的现代主义运动中，国际主义风格的几何化日益单调。这种趋势对于文化的多元性来讲，无疑是一种泯灭。更多的知识分子意识到民族文化的弥足珍贵，尝试将独特的地域文化和民族精神融入现代设计之中（图 5-51）。

图 5-51　民族风 / 十二生肖图标设计 / 学生作业（蒋晴文）

6. 后现代主义的折中风格

折中主义融汇甚广，涵盖了世界各地的艺术风格以及历史中不同时期的艺术风格（包含了对现代主义风格的折中）。虽然后现代主义风格在 20 世纪末已经结束了，但是折中的思维并没有消失。不同地域、不同历史时期的风格在跨时间、跨地域的多元融合中产生更加多彩的变化。

7. 孟菲斯风格

孟菲斯风格与现代主义倡导的实用精神背道而驰，追寻自由的、随机的表达，关注

个人情感和体验价值。画面用靓丽的色彩、丰富的几何图形以及灵活的图案、肌理填充，其综合运用画面的点线面视觉元素且随机排列产生跳跃性等的独特手法成为后现代诸多风格中独树一帜的表达语言，且仍然活跃于当下。

8. 赛博朋克及蒸汽波

赛博朋克（Cyberpunk）源于朋克文化，是年轻人对人类未来科技生活的畅想。其呈现出"高科技低生活"的风格状态，从中衍生出很多艺术流派，如蒸汽波（Vaporwave）和故障艺术（Glitch Art）。

（1）蒸汽波。将音质的低保真概念转换成图像语言的一种视觉风格。多运用光标、弹窗、汉字假名等视觉符号，展现出在科技的洪流推动的背景下，由于科技的频繁迭代所带来的对现实的迷茫。其中不乏玩味、迷离及嘲讽意味。

（2）故障艺术。是对"失灵"和"宕机"的电子成像故障化的视觉描述。它将出人意料的图像错误赋予了故障美学的时代价值。多运用电子图像逐行扫描的特性进行故障化概念表达。

9. 解构

解构即为质疑传统权威，打破已有的常规秩序，重新组合，建立更为合理的新秩序。用分解的概念来进行打碎、叠加、重组，创作出支离破碎的不确定性。它打破了画面内部固有的逻辑关系及叙事顺序，进而也颠覆了原来所固有的含义。同时，重新建构的意义也在于使受众参与进来，共同建构画面呈现出来的信息关联，进行自由化的选择解读，同时画面多以混沌的风格特征进行表达。

10. 新简约主义

在后现代语境下，经过了瑞士国际主义的枯燥、后现代主义的折中，平面设计的风格变得更加具有个性和多样化，过度和不及都是不允许的。既要求简化到无以复加，又要求适当地保留个性和独特性。在这种诉求下，现代主义有了新的生命——新简约主义（图5-52）。

11. 涂鸦风（街头艺术）

涂鸦风起源于街头"游击式"的手绘艺术形式，表达了叛逆的反主流情绪，它像病毒一样无孔不入，遍布我们的城市之

图5-52　新简约主义 / 海南自由贸易港图标 / 学生作业（张海月）

中。设计师将这种新时代的手绘风格转换
为数码设计语言，运用大量的视觉元素之
间的重复、叠压、重组，使画面表达变得
更加灵活多变。很快因成为青年人传递个
性、展示自我的另类表达方式而大受欢迎
（图5-53）。

12.波普风格

波普风格是大众艺术的时代表达。其
借助漫画、公众人物、商品形象等元素与
大众生活紧密相连。

13. 抽象现实主义

图5-53　涂鸦风 / 守月兔图标设计 / 学生作业（那艺馨）

抽象现实主义的折中风格是将矛盾的双方融为一体的过程，"抽象"和"现实"就
像视觉表现语言中的两个极端一样，将这两个极端融合在一起，同时也包含了其中更为
广阔的视觉表现语言。这种方法是对当下数码风格呈现的"大杂烩"趋势的一种折中概括，
是将画面抽象的形式与具象的可读信息融为一体的表现风格（图5-54～图5-58）。

图5-54　抽象现实主义 / 矢量图形概括与简化 / 学生作业（梁龄方）

图 5-55　抽象现实主义 / 矢量图形概括与简化 / 学生作业（王瀚那）

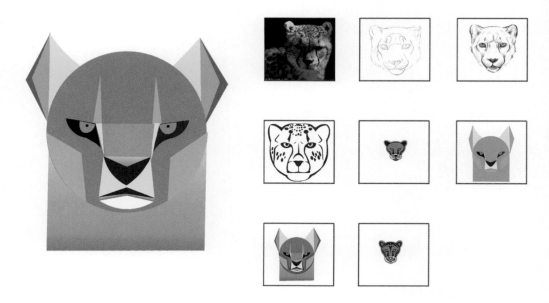

图 5-56　抽象现实主义 / 矢量图形概括与简化 / 学生作业（王瀚那）

图 5-57　抽象现实主义 / 家乡图标设计——吉林长春 / 学生作业（魏来）

图 5-58　抽象现实主义 / 家乡图标设计——辽宁阜新 / 学生作业（张思琪）

十、多元图标

　　从广义上来讲，图标中的组成元素可以涵盖为简洁的概括平面图形，写实性极强的图像，以及造型简洁、内涵丰富的符号、图示。它们都是通过视觉手段传递主题信息来实现其传播意义和目的的。一般情况下，图标主要是利用二维平面作为其承载载体的。随着新兴媒体的发展，动态化图标应用得更加普遍和广泛，但是其创意的核心价值并没有抛弃原来的基础，在应用的领域、范围、灵活性等方面都显著提升。在智能化时代，视觉信息高效传播的图标价值会更加突出。图标以其直接、生动、快速且最富于记忆的特点，在现代社会中起到了非常重要的作用。从功能的角度看，它在信息传递的速度、准确性、趣味性、直接性等某些方面中显示出了文字无法比拟的优势。无论技术如何更新换代，图标都能很好地适应时代，发挥作用。

动态的图标设计在运动的方式上常常是相对简化的运动形式，由于过于凸显动画的视觉特效，反而会对图标真正传递的信息内容造成喧宾夺主的负面影响，所以动态效果尽量简化来服务于图标本身的功能性传递。动态效果包括位移动画、缩放动画、旋转动画、渐弱与渐强动画、形变动画等，不会涉及过于真实和客观的运动规律相关知识。同时，运动时间也不会过长，用户不可能花费大量的时间用在等待图标的完整显现上，所以动态图标要做到恰到好处才能为 UI 设计加分。最后，动态图标都要固定在相对静止的状态来履行图标的实际功能。

优秀的图标设计追求独特的表现语言、准确清晰的信息传递来展现交互设计的主题。现代设计中更强调以简洁有效的形式来表现更加广泛和富有深刻内涵的主题。而对于受众来讲，视觉形象的识别性、准确性、易读性以及对受众的吸引力都深深影响着交互设计的传播质量。所以 UI 设计师要充分考虑到用户的切实需求和感受（图5-59～图5-68）。

图5-59 "花城礼物"图标开发 / 学生作业（胡蔓洁）

图 5-60 "上海南京路步行街"图标开发 / 学生作业（梁艺川）

图 5-61 "以茶会宠"图标开发 / 学生作业（耿佳慧）

图 5-62 "南京路步行街"图标设计方案 / 学生作业（费薪羽）

图 5-63　"奇彩童梦"图标开发 / 学生作业（金蕾）

图 5-64　"汉堡王"快餐店图标开发方案 / 学生作业（李一帆）

图 5-65 "上海南京路步行街"图标开发 / 学生作业（蒋干一）

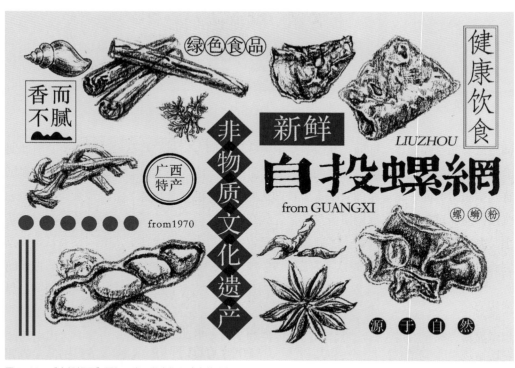

图 5-66 "自投螺网"图标开发 / 学生作业（李艺清）

图 5-67　"熊猫的森林"图标开发 / 学生作业（徐郡瑶）

图 5-68　"海南自由贸易港"图标开发 / 学生作业（郑瑜琳）

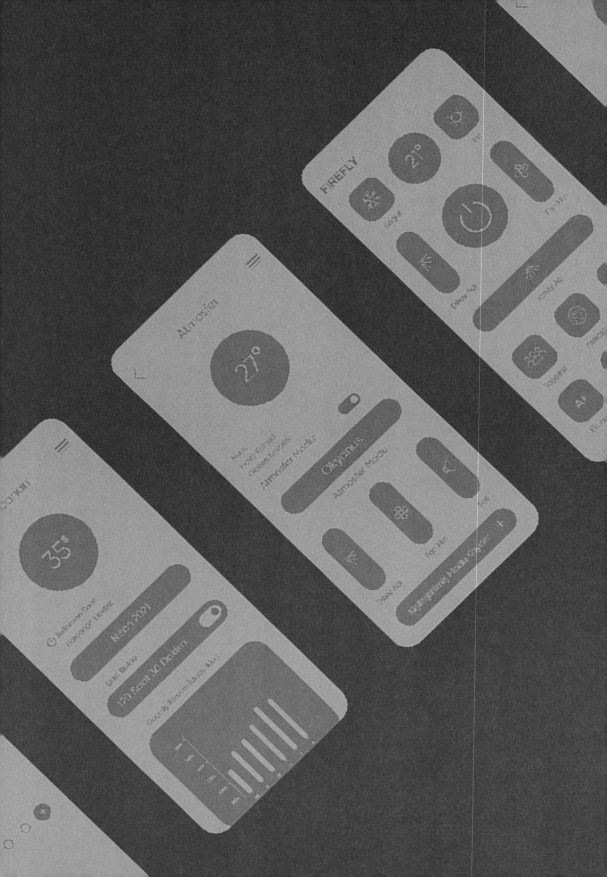

06

用户界面设计中的影响因素

Influencing Factors in
UI Design

第一节　设备终端的物理性限制

　　基于多元化的信息终端设备的发展，设备之间的物理差别成为影响设计的首要考虑因素。信息终端设备的物理性限制包括不同设备之间的屏幕尺寸大小、长宽比例、应用方向、输入操作方式以及用户与屏幕之间的距离等因素。比如，智能手机以触摸屏进行输入操作，屏幕尺寸范围常为3～7in；平板电脑以触摸屏进行输入操作，屏幕尺寸范围常为7～12in；笔记本电脑通常用键盘、鼠标进行输入操作，同时以新的技术支撑触摸面板进行输入操作，屏幕尺寸范围常为12～17in；台式电脑运用键盘、鼠标、手绘板等方式进行输入操作，屏幕尺寸范围常为19～29in；智能电视以遥控器以及智能手机APP交互界面进行输入操作，家用的屏幕尺寸范围常为21～70in，个别高端产品会超出常规尺寸。

一、屏幕尺寸

　　通常情况下，屏幕的尺寸首先会影响用户与屏幕之间的物理操作距离，进而影响页面中视觉元素的大小关系以及版式设计。以字体来举例，字符的字号设定直接取决于不同的阅读距离，当然这个评判标准还同时受到用户人群的年龄层次、用户的操作环境等多种因素的制约，但是首先取决于距离的远近。

　　随着科技的进步以及用户需求的变化，信息终端设备会更加丰富、多样，设备的多样性为设计师带来新的挑战（图6-1）。

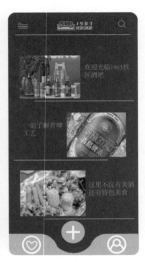

图6-1　"社区酒吧"UI设计方案/学生作业（全文希）

二、输入方式

信息终端设备中输入方式的设定是有物理依据的，根据屏幕尺寸的大小、用户操作距离的远近来设定合理的输入方式。

1. 鼠标和键盘搭配

通常情况下，用户距离台式电脑屏幕大约 50cm，由于屏幕显示信息相对丰富全面，鼠标与键盘的搭配可以进行比较精细的操作，同时自由度相对较高，可以不受物理设备的局限性制约，所以对于 UI 设计的交互方式制约相对也较小。

2. 触摸屏

早期的触摸屏运用触控装置来进行控制，在发展演变过程中这一装置逐渐被淘汰，转为直接运用用户的手指来进行操控。通常情况下，屏幕较小的设备应用触摸屏进行信息输入比较广泛，所以按键的大小设定与屏幕尺寸之间的矛盾性是一个永恒的话题，与鼠标相比，用手指输入的精确性总要逊色一些。

不同种类的移动设备运用手指进行输入的方式略有不同：对平板电脑，我们习惯运用双手同时工作，一只手用来固定设备，另一只手进行点选操作；对智能手机的操作情境，我们习惯于用一只手同时进行固定和操作，这样使我们具有更多的灵活性。所以通过比较不同的操作习惯不难发现，这些因素直接影响用户界面操作设计的难易程度以及用户界面承载信息量的多少。所以对这两种媒介，根据手的物理局限性适当地设定交互的方式尤为关键。对智能手机，我们用单手操作时，通常运用大拇指进行点选操作，所以交互按钮的设定通常比较常规地固定在一定范围内，如果满屏随意分布就将会直接影响手持设备的稳定性，同时给拇指的大范围移动造成困扰。通常情况下，滑动的交互形态比较适合智能手机交互界面应用。

3. 遥控器

由于运用遥控器的设备通常具有面积相对宽阔的显示界面，所以关键性的信息往往出现在屏幕上，进而减轻了遥控器承载信息的压力。但是对于输入具体的文字信息来讲相对就比较困难。

第二节 视觉元素的限制

一、文字资料的特性

文字是构成 UI 设计必不可少的视觉元素，它是传递信息的基本工具，也是最精确的工具之一，所以我们首先要了解文字在 UI 设计中的特性。

用户会使用不同的移动终端、系统运行程序以及浏览程序，这些运行环境会对文字的视觉呈现产生微妙的影响。不同的应用信息终端设备比如个人电脑、智能手机配有不同的操作系统，比如 Windows、macOS、Android；同时配有不同的浏览器，比如 IE、Google Chrome、Safari 等。这些不同的运行环境都会为相同的字体显示造成差异和影响，比如文字的外形轮廓、笔画的粗细、颜色的偏差以及文字版式的关系等。这种文字显示的差异是普遍存在的，如果将文字转成图片，这种情况就会得到改善。但是文字会因此变得不清晰，而且系统加载图片也会耗费一定的时间。显然这种方法不适合大量的、基本应用性质的文字信息，而少量的标题文字可以采取这种方法。

二、图片的特性

图片有着与文字同等重要的地位，相对而言，运行环境的不同不会使图片的外观发生任何变化，而只会使图片的色彩随着不同的显示屏幕而略有不同。图片的应用范围比较广泛，除了交互页面中常见的图片信息外，一些按钮或图标的制作也会用到图片编辑处理，之所以在这些元素中应用图片素材，是为了防止在不同的运行环境中视觉效果发生变化。但是，图片信息存在一定局限性，更不好处理。其中最重要的一点就是图片的文档尺寸及属性是固定的，就目前来看它无法随着操作环境的改变而随之做智能的优化处理，比如如果显示终端尺寸加大就会产生锯齿及模糊。不过在人工智能发展的将来，这一局限性有望得到解决。

图片的分辨率是制约其应用的最重要的因素。基于当前比较流行的高分辨率信息设备终端环境，图片的分辨率需要至少高于浏览环境的两倍才能保证为用户提供高清晰度的浏览环境，文字可以在这种环境下得到最优化的显示，而图片的表现力还要随着不同的浏览环境适当地做出调整。随着技术的发展，高分辨率的图片会随着技术的更新而不断增加。

三、图片的矢量化趋势

当前高分辨率设备不断向多元化发展，即使图像在高分辨率的浏览环境下，依然面对着由于多种设备之间的兼容性带来的稳定性的挑战。将图片转换为矢量化的文件可以更好地缓解这种压力。尤其是将置入按钮和图标系统中的图片文件转成矢量文件以后，将使整体得到彻底的改善。这种做法已经成为应对设备多元化的主要策略。矢量文件有着明显的优势：无论在何种浏览屏幕的尺寸中，都能清晰完美地呈现信息的轮廓边缘。但是其局限性也比较明显，比如有些老版本的浏览器会不支持矢量文件的预览，同时过于复杂的图片也不适合转成矢量文件，所以对图片的矢量处理还要依据具体的条件及应用情况进行调节（图 6-2 ～图 6-5）。

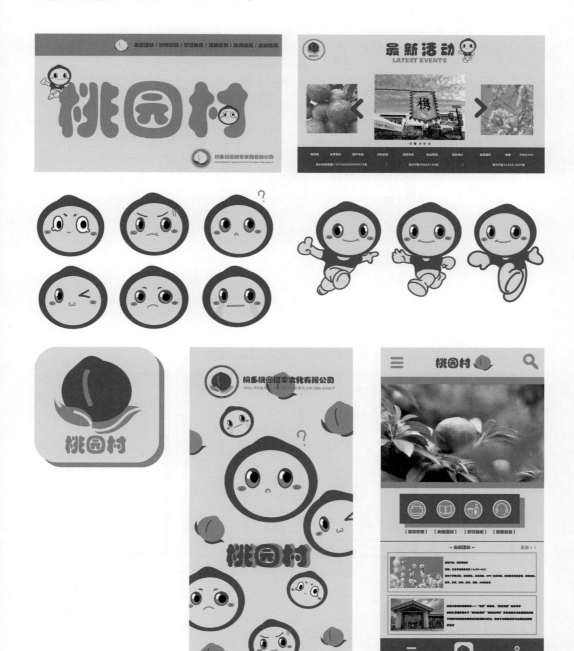

图 6-2　桃园村农产品品牌推广 UI 设计方案 / 学生作业（陈汀雨）

图 6-3　蒙蒙达文创品牌推广 UI 设计方案 / 学生作业（高宝怡）

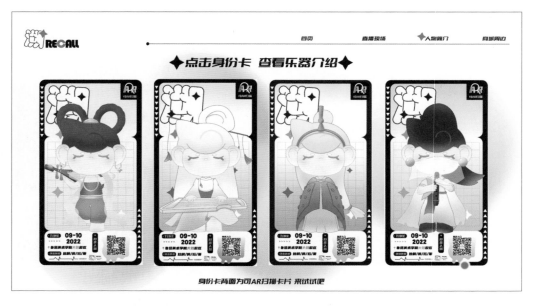

图 6-4　溯 RECALL 音乐节品牌推广 UI 设计方案 / 学生作业（徐诗琪）

图 6-5　山海仙境之蓬莱城市推广 UI 设计方案 / 学生作业（王瀚那）

第三节　滚动的方向性与翻页

一、滚动的方向性

基于目前设备的多元化发展，阅读屏幕的方向也变得更加不固定。在这种趋势下，UI 设计需要更加灵活地适应不同方向的切换。版式在切换的过程中，需要加入滚动的功能来使得信息的承载变得更加灵活、自然。因而，对于 UI 设计师来讲，当面对大量信息进行编排时，就需要注意以下方面。

首先是文字版式信息的编排与设定。注意文本的断行以及阅读的舒适性，尤其涉及英文文本的外形轮廓时更要格外谨慎。

其次是屏幕的长宽比例关系与排布信息元素的关系。从某种意义上来讲，同一屏幕在阅读方向上的切换并不影响信息量的结果。但是当面对不同的屏幕尺寸和分辨率时，就要考虑如何实现最优化的界面切换了。

再次是考虑画面中各个元素的形状。通常情况下，外形简洁的几何形会更加容易形成清晰的视觉印象。所以图标的外部轮廓都要尽量统一和简化。

最后是各种视觉元素之间的版式编排，涉及各个元素之间的大小、距离及组合关系。

当以上这些编排关系处理妥当之后，就会给用户一个清晰的、符合逻辑的页面组合。常规的滚动方向以纵向和横向为主，用户根据页面的信息判断应该朝着哪个方向进行滚动，营造自然滚动的合理氛围。

1. 滚动对文字的影响

文字一般受屏幕的方向性影响比较小，尤其是大段的文本段落。一般情况下，屏幕的滚动方向会设置成由上向下，这种方向与文本段落的版式编排以及属性相符合。用户在阅读文字时，太长的横行会给阅读带来诸多不便，而由上向下可以更好地使用户集中精力。这种情形已经成为约定俗成的主流，鼠标的滚轮设计就是基于此。但是随着多元设备的发展和触摸屏的普及，方向变得更加灵活多样。如果追求新奇的阅读体验，恐怕就要敢于打破这种约定俗成的模式。而对于以文本为主的设计来讲，传统的方式是建立在合理基础之上的建构。

2. 屏幕的长宽比例影响滚动的方向

随着宽荧幕的理念逐渐加深，有些设备的长宽比发生了很大变化。当屏幕的宽加长时，上下的滚动方式对于阅读大量文本就是一个极大的挑战。恰恰相反，在这种情况下上下的短距离滑动比左右的长距离滑动更便于操作。但就用户心理来讲，左右的视觉变化会更加清晰一些，一般更倾向于左右滑动。这种情况就为合理地处理版式关系带来了矛盾性。

　　用户在翻页的过程中，往往会把注意力集中在信息变动的地方，所以及时、明显的反馈是比较关键的。

3. 交互界面中元素的形状影响滚动的方向

　　我们经常遇到罗列大量相同元素信息的交互界面，比如智能电视选择资源信息的界面设计。元素单元的长宽比例及大小关系与整个屏幕的长宽比例之间形成制约关系，影响着页面滚动的方向。在横长的屏幕中，当元素为长方形时，习惯将其处理成上下滚动，这样便于快速地获取更多信息；而在竖长的屏幕中，则习惯上处理成左右滚动。

4. 元素间距对于滚动页面的影响

　　元素在群化中，往往具有横向上的统一的单位距离，以及纵向上统一的行距。这两个距离之间的差别对于用户的视线移动会造成较大的影响。间距较窄容易形成群组关系。UI 设计师应设法引导用户进行预览，并以此判断界面的滚动方向。实验证明，调节间距是有效的引导方式。继而成为"箭头"标记之外有效的表达技巧。

　　同时需要注意，页面中的滚动方式可以组合运用，并非非此即彼。实际中常以一种方向作为主流，在局部细节信息之处搭配另外的方式进行丰富和补充。

二、页面滚动与翻页

　　页面滚动与翻页是同步进行的。如果页面滚动时没有带来信息的变换，就会给用户造成困惑，不知道如何进行有效的交互进而放弃使用交互程序。通常情况下，预设的滚动方向与翻页在整个交互体验中是统一的，它们的一致性也影响着页面中其他的交互命令和动作（图 6-6）。这种内部系统之间的一致性是非常重要的。例如苹果手机界面与安卓手机界面相比，用户应用过程中的差别与习惯贯穿在整部手机的使用过程中。

图 6-6　"Daily Recipe"每日食谱手机应用程序开发

第四节　与设备互动的方式及反馈

在良性的交互过程中，用户将自己的动作施加于相应的操作界面之上，客观媒介给予用户及时的回应，只有这样才能构成交互体验的基础。同时这种反馈又诱导了下一个命令或需求的触发，进而引导完成整个交互过程。所以对于用户来讲，首要问题是"哪里有按钮"以及"启动之后会引发什么事情"。虽然按键的模式经历了从机械版到触碰式的转变，但本身的功能和交互的意义并没有发生变化。

一、鼠标的操作与反馈

在个人电脑的操作中，鼠标是最便利和常用的输入工具。我们可以非常灵活地运用鼠标来操控整个交互系统，系统能及时反馈给我们可以点选的确切位置。当鼠标滑过这些按钮时，界面会及时发出反馈，通知用户这些位置可以进行交互；当用户点击这些按钮时，其他相关形式的交互反馈会再次传递出来，告知用户点选了这项交互任务。视觉上以及听觉上的信息展现也随之更新，进入一个新的页面程序。所以在这个过程中，鼠标经过相关区域并及时给用户提供反馈是用户判断是否可以点选的关键。这种交互形式是鼠标所特有的，我们没有办法将这项功能应用在智能手机中。这种操作可以增加交互设计的灵活性和自由度，使页面设计更加精细。

二、触摸屏与反馈

在智能手机以及平板电脑的操作中，经常要靠手指触碰的方式进行信息输入。它可以非常方便地运用手指进行滑动、拖拽和点击。在应对不需要非常精细的操作时，触摸屏技术显示了无可超越的优越性。对于反馈来讲，它需要手指实实在在地触碰到屏幕，并且对用户界面进行有效的操作之后，反馈才会出现。同样由于这项技术应用的信息终端的物理特点以及用户的需求关系，这些有效的触碰区域要设计得相对大一些，来克服操作过程中的障碍。

触摸屏需要以视觉界面为先导，通过清晰的 UI 设计告知用户哪些区域可以进行交互。用户触碰按钮的瞬间交互反馈就立即完成了，没有一个预备的过程出现。如果操作错误，用户只能再次退回到所需页面中。当手指按压并拖动按钮时，目标会做出缩放等形式的反馈，并及时与手指同步移动。同时，多点触控技术的开发丰富了交互设计的方法、灵活性以及趣味性。随着技术的不断完善，触控技术也会更加丰富多彩。

三、遥控器与反馈

在智能家电中，尤其是智能电视，经常会使用遥控器进行具体操作。在这些设备的交互设计中，一般功能设置以及交互需求相对简单，且屏幕显示比较充分。用户完全可以依据界面上提供的信息进行点选就可以满足需求。所以遥控器的按键设计相对也比较简单明了，便于告知用户整个的操作流程。同时，这也说明遥控器的操作相对有限，基本上只有"移动"和"点选"这两个功能。因此，在此类 UI 设计中，应该将界面设计得相对紧凑些，避免用户大范围地调动光标造成不便；同时也要尽量避免使用庞大的信息字符输入功能，这样会增加交互设计的复杂性，给用户带来诸多不便。

第五节　无缝界面

"无缝界面"是指将所有的交互任务设计在同一个页面内部，页面与页面之间不会产生跳转切换以及中断现象。在这种情况下更便于用户掌握用户界面的操作规则和方法。同时，实现无缝界面的技术要求相对高一些。在同一界面内部交互场景随着用户浏览内容的变化而改变，背后需要强大的交互网页应用开发技术的支持，可以使页面在不同用户的设备中实现差异化实时更新。这些技术同时也需要依靠高性能的信息终端以及浏览器的兼容开发。如今这种趋势已经普及到智能手机，随着技术的迭代升级，高性能的无缝界面会创造更多交互的可能（图 6-7）。

图 6-7　《麻省理工技术评论》杂志网页版 UI 设计

第六节　界面衔接的表达技巧

一、滑动式界面设计

通常情况下，滑动式界面以屏幕的左右方向滑动进行页面的切换，以便将新的页面模块置于原来的页面之上进行覆盖。有时，用户界面以横向展开延展，部分信息展示需要通过左右滑动页面来完成显示，这时页面中会有相关的提示信息来辅助用户完成交互。这种滑动式界面的版式设计通常会采用分栏式的设计样式。每一个单栏形成一个信息单元，通过版面设计强化信息在用户心中的逻辑层次关系，便于高效、清晰的信息传递。

但是，对于交互体验的功能设计来讲，滑动并不意味着导航栏也要跟随页面同步运动。因为用户需要借助导航栏来灵活地找到重要的信息以及定位。在智能手机界面中，往往将导航栏相关隐藏图标置于固定的位置上，通过点击可以罗列于页面的左侧，这样便于用户在不同的单元间灵活切换，而不至于迷失方向（图6-8、图6-9）。

图6-8　某购物平台手机应用程序 UI 设计 1

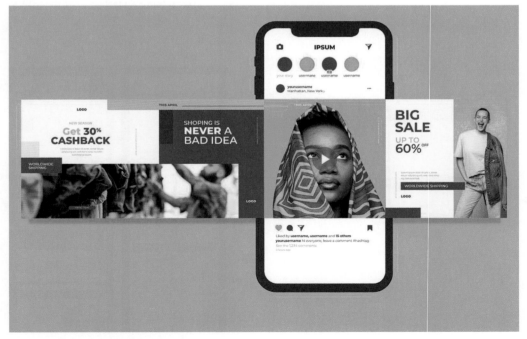

图6-9　某购物平台手机应用程序 UI 设计 2

二、覆盖式界面设计

　　覆盖式界面是在不切换当前页面的情况下，以弹出窗口的形式直接覆盖在原来的界面之上。一般形成中心式的部分覆盖，之前的界面局部呈现在用户面前，但是运用灰度式的弱对比手法将页面空间向后隐去，这样便于凸显弹出窗口的信息内容。这种运用覆盖式页面进行衔接的页面形式可以避免在切换过程中出现中断的视觉感受，并且可以降低交互过程中的复杂程度，使交互体验变得简洁。这种界面尤其适用于同一单元内部各种分项的显示切换，便于强化信息分类形成的单元体系（图 6-10）。

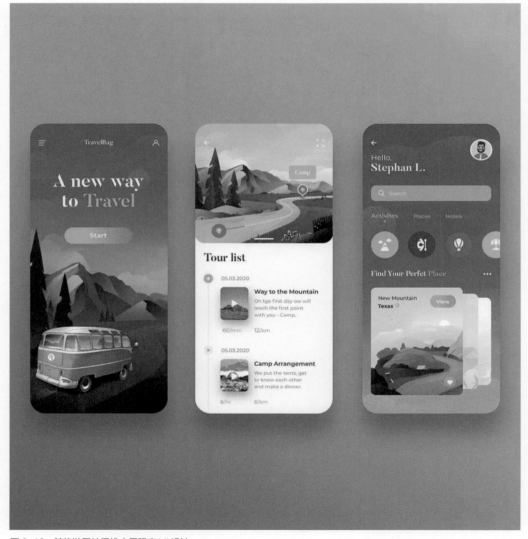

图 6-10　某旅游网站手机应用程序 UI 设计

三、嵌入式界面设计

嵌入式界面指能将各个分项的具体信息内容隐藏起来，进而只保留多个罗列的标题信息的一种灵活的界面样式。这种界面经常应用在智能手机的 UI 设计中，通常以下拉滑动作为延展。同时，通过标题旁边的展开按钮进而将各个分项的信息内容置入界面之中。这些分项可以灵活调取、任意隐藏，页面将整体的信息构架全部清晰地展现在用户面前，使得信息的结构层次更为全面、丰富（图 6–11 ～图 6–13 ）。

值得一提的是，这种结构不仅可以应用在整个页面的结构体系之中，也可以应用在导航栏的信息构架展示之中。通过折叠按钮，用户可以随意提取和隐藏分项的具体结构层次，简便清晰。

图 6-11　毕加索艺术网站设计 / 设计师 Aliaksandra Kazak

图 6-12 布谷鸟报警（Cuckoo Alarm）手机应用程序开发

图 6-13 利用大数据对新冠病毒携带者进行统计，并实时向用户报送周围所在区域疫情分布情况的手机应用程序 UI 设计

四、滚动式界面设计

滚动式界面是指通常以一定的方向连续展现信息的结构页面形式。一般根据屏幕的长宽比例、阅读方向等具体条件进行水平方向或垂直方向的页面信息滚动设置。页面信息从开始滚动到结束以后会再次回到开始状态继续滚动播放，也会有相关提示以及图标按钮来警示用户"相关信息已经结束"。

1. 加载滚动界面

加载滚动界面通常用于展示大量信息。一次加载无法满足需求，需要随着用户浏览的节奏采取多次不断加载信息的方式，源源不断地将信息呈现出来。同时，加载时伴有显示进程的图标作为提示。

一般情况下，在用户界面中，加载滚动界面的设计往往具有独立性。也就是说随着用户不断加载信息到结束的位置时，页面下部会出现相应的回到顶部的"置顶"按钮；也会有无分段样式而进行循环显示的连续滚动加载样式。这种加载式滚动界面的优点是可以将信息大量同时呈现出来，但是缺少准确的定位性。用户在点击其中一个信息节点以后，页面往往跳转到具体的信息页面内容之中。如果用户此时再次回退到加载滚动页面中来，往往会出现重新加载，回到最初首次加载信息的初始状态。如果用户需要继续上次操作向后检索，就需要再次加载来确定位置，这样就为用户继续搜索相关信息加大了阻碍，使得用户增加了时间投入。

2. 水平滚动界面

水平滚动界面一般应用在竖幅的屏幕预览之中，特别适合展示以图片为基本单元的视觉元素内容。早期界面上会标出预览方向的箭头来告知用户资源滚动的方向。随着 UI 设计的精简和完善，往往会将最后一组信息的一部分显示出来，另一部分则消失在显示屏幕的范围之外。这样做的结果就是指引用户通过移动光标到未完全显示的图标之上，进而引导和告知用户交互光标的运动方向，找到更多的资源。

3. 垂直滚动界面

垂直滚动界面能很好地适应竖屏与横屏的 UI 设计，尤其是当滚动信息内容为大量的文本信息时，为了方便用户阅读而常常采用竖屏的浏览方式。这种 UI 设计的优点是可以不受屏幕尺寸的限制，尤其是在智能手机交互设计中，屏幕的尺寸与元素的大小之间的矛盾性非常明显。为了能够使手指触摸控制更加精确而不得不将用于交互的图标的面积加大，而屏幕的大小尺寸又非常有限。滚动界面的出现可以很好地解决这一问题。通常垂直滚动界面在智能手机交互界面中应用非常广泛。这种自由、灵活的编排方式不仅节省了大量的页面空间，同时优化了整个信息架构，使其变得更加清晰、简洁（图6-14）。

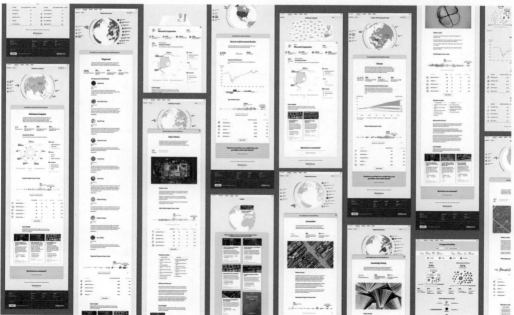

图 6-14　Globalance 投资分析平台 UI 设计 / 数据设计和技术咨询公司 CLEVER°CFRANKE 设计

07

第七章

交互设计体验

Experience of
Interactive Design

第一节　易于理解的、愉快的交互设计体验

一、二维平面结构与多维交互结构

作为 UI 设计师，经常需要在多种纬度之间转换。对于一个固定的用户界面来讲，显示屏幕的二维属性，使其本身也具备了二维的特点。UI 设计师需要基于这个平面来思考全部的设计因素。比如字体与版式、图形与主题、色彩与调性、大小与功能、形式与美感等。但是以交互设计的整体体验来讲，设计师只专注这一维度是远远不够的。UI 设计师为用户提供的设计产品是在一个相对宽泛的时间段内进行的交互行为。也就是说 UI 设计师需要为用户提供很多这样的交互片段，且需要在这些交互片段之间建构合理的逻辑关系来辅助用户顺利完成信息传递的全部过程。这种信息的逻辑建构是多维度的逻辑构架。

1. 水平空间与垂直空间的逻辑思维

我们可以将整个交互应用程序看作是一个立体的结构框架，在这一结构框架内呈现出水平和垂直的复杂关系。这个关系于 UI 设计师的思维之中不断完善和修整，最终以合理的形式传递给用户，使用户在体验过程中能够清晰地分辨出自己目前处在整个交互框架的什么位置，要怎么进行交互操作才能完成自己的需求。所以对于 UI 设计师来讲，单纯从平面的维度来思考交互设计是不可能的，真正出色完成工作的首要关键就是要求设计师具有在不同维度之间穿梭的思考能力。

2. 平面思维

对于 UI 设计师来讲，具体的设计方法往往是用平面思维来表达的。UI 设计师的设计草图是多张平面草图汇聚而成的逻辑构架，其中涉及多种方向：每个交互页面的方案、空间架构的平面思维图、平面空间的视觉元素表达等。这些平面思维是整个交互设计的基本组成单元。将这些想法绘制出来，通过与人沟通协商，更好地调整自己的出发点，为愉快的交互体验打下坚实的基础。

在这一过程中，UI 设计师可以利用结构表来规范每一个交互页面的具体信息以及版式结构，并及时通过对用户进行调研及模拟交互用户的反馈来调整自己的设计方案。通过反复的修改和验证来完善结构表的内容，使其成为整个交互设计可以依据的坚实起点。

3. 立体思维

虽然 UI 设计师可以运用草图和结构表来规范自己的设计想法，但是在实际的交互程序与开始的构思之间还有一定的差距，需要实时调节来达到最佳的效果。

（1）页面之间的前后关系。页面之间的逻辑关系展现出交互设计的功能性前提。这

个需求可能导致在交互设计的实施阶段，页面之间的逻辑关系与最初的设计方案之间产生差异。随着交互测试的展开以及实验对象的反馈，这些结果都有助于优化整个结构，以便更好地为功能和需求服务。

（2）互动性。对于交互设计来讲，用户的测试是检验成败的最关键一步。在页面的切换和交互的过程中，UI 设计师可以全方位地观察和体会预设的交互环境的优缺点，通过测试反馈来进一步修正和调节整个交互程序。无论之前的预设多么周密和完善，当遇到真实的应用测试时，总会有需要调整的地方。UI 设计师理性的判断加上用户感性的感官体验，才能更好地完善整个交互系统。

二、运用原型进行用户体验

由于在具体的交互环境中，用户之间存在相应的个体性差异，这种差异会直接影响交互中的信息传递的效率以及内容，进而造成信息的丢失。而作为 UI 设计师，只有分析各种情况下产生的信息传递障碍，才能更好地调整网页交互中的不利因素。同时更全面的用户感知数据分析也能更客观地衡量交互设计的利弊。所以在交互设计程序的执行过程中，应该先针对某些重要环节制作相应的范例片段，进而从理论与实践的双重角度来对交互设计进行验证。通过对这些交互设计中的重要片段进行理性分析来分析预测整个交互环境的合理性与实用性，进而在设计研发团队中达成一致共识。这种运用近似交互程序原型的检验方法是一种非常可靠的分析方式（图 7-1）。

三、真机测试

在以上测试的基础上，可以将交互环境测试扩展到多元信息终端设备之上，进而更加全面、客观地对设计方案进行全方位、多角度的评判。即使只是交互应用的一个片段，也可以对不同的交互运行环境做出必要的判断和补充。同时，交互的拓展测试比较灵活，而且对其进行提升、更改也比较灵活，如果将这些工作提前进行，就可以规避掉很多重复性的、不必要的工作内容。UI 设计师也可以在这些测试环境中不断完善整体的设计方案，缩小与最终产品之间的差距。真机测试重点考察以下几点。

① 视觉元素检测。字体、图片分辨率、交互页面与多元设备屏幕尺寸匹配度等。

② 互动关系是否与设计师预设的场景一致，是哪些原因导致偏差的出现：包括图标的设计风格、大小、色彩，以及交互反馈等原因。

③ UI 设计与操作方式及用户的操作习惯分析比对。

④ 相同的交互环境在不同的设备上的兼容性分析。

图7-1 "奇彩童梦"文创品牌UI设计方案/学生作业（金蕾）

第二节　用户界面设计的评价标准

一、没有烦琐和冗余

对于用户来讲，简洁、清晰的交互环境容易得到更广泛的支持和认可。简洁、明快的风格要求 UI 设计师去掉不必要的因素，将重要的功能性的交互信息置于明显的空间之中。这种简洁并非简单，其背后隐藏着无数次的精炼与调整，最后从中挑选出最合理的解决方案。首先，将一切可视元素置于功能之上进行衡量；其次，简化交互环境中的规则体系；然后，删除可有可无的元素；再次，整合所有的元素与功能；然后，检验形式与功能的契合；最后，将用户界面与所有可能的用户显示终端进行匹配及调整，同时规范设计的一致性。这种一致性的调节一方面要兼顾整合视觉元素及整体视觉风格的一致性，另一方面也要兼顾在多元显示终端中的一致性。

二、用户界面自然流畅

自然流畅的用户界面是依靠在高效的导航栏设计体系才能实现的。优秀的导航栏可以通过本身清晰的逻辑构架将交互程序的架构悄无声息地置入用户的大脑，同时通过简单易懂的操作来辅助完成。导航栏的层次清晰，位置设定、比例关系适当，隐藏图标设置清晰，这些因素都会给用户带来便利。

三、应用共识性的交互准则

在交互的方式设定中，尽量应用广泛的共识性标准。这样便于调动用户运用自身已经积累的经验来更快、更好地辅助完成交互过程。一般用户在设计前就比较熟悉操作环境，不需要重新学习新的交互规则。对于 UI 设计师来讲，要重视这些共识性准则在设计中的重要意义，交互设计的创新之处可以体现在视觉元素的风格样式设定中，如果挑战约定俗成的交互方式或大众化的交互习惯，就会面对极大的挑战。当然，有些特立独行的探索性设计案例是对特殊用户的发挥创造，不包括在此类设计中。

四、视觉设计的一致性

从视觉设计的角度来讲，交互程序是由各个不同的视觉元素组织在一起的，这些元素及元件构成了界面基本的版式和组合关系，进而构成整个交互体系。视觉的一致性及整体性就是要求 UI 设计师在这些视觉元素之间建构一致性的整体原则，进而约束设计的风格样式，使其在各个组成部分之间形成整体的呼应性和全局的联系性。同时，在各个组成元件之间，采用标准化的分类原则进行视觉上的逻辑细分，进而统一元件的尺寸、色彩以及风格样式，运用整齐划一的视觉分类来营造统一的逻辑视觉风格，进而辅助构建整个交互系统的规则性（图7-2、图7-3）。

图7-2 "上海南京路"文创
推广UI设计方案/学生作业
（毛寒思）

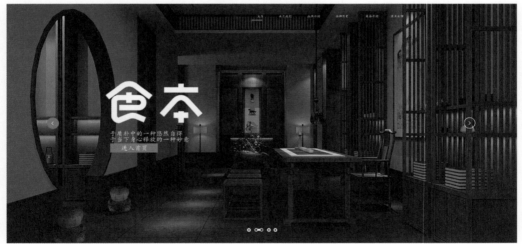

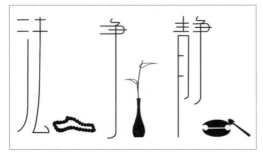

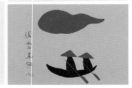

图 7-3 "食本素食馆"文创品牌 UI 设计方案/学生作业（华政鸣）

五、色彩的运用

我们可以将色彩看作是最突出的视觉形式语言，它往往先于图形、文字、版式等视觉元素来影响用户，以直观的形式作用于人的感官；同时，作为一种装饰手法，它直接影响人们的记忆，进而激发相关的联想和情感，使用户在接触的一瞬间就能感受到最强烈的影响。所以在交互设计中，要慎重确定符合作品风格的色彩基调，恰当地将公众的审美需求和交互设计相融合，进而准确地传达出交互设计的深层次内涵。

1. 色彩带来的调性

色彩的应用可以极富情感表现力。恰当的色彩表现，能够为用户烘托出一种独特的情绪和氛围，给用户的内心情感活动带来冲击力。对于 UI 设计师来讲，使用色彩之前就需要掌握色彩对于大众的情感暗示及心理联想。比如，白色让人感觉高雅、坦诚及冷漠；黑色让人感到神秘、庄重、严肃与死亡；红色让人联想到喜庆、吉祥、火焰、积极以及生命力；黄色让人感到富丽、辉煌及成熟；蓝色会使人联想到海洋和天空，给人宁静、平稳、纯净之感；绿色使人想到和平、环保、健康、生命；等等。色彩通过相互搭配给人以强烈的视觉感受，传递复杂的情感变化。

需要强调的是：色调不是由单一色彩构成的，它依赖于颜色之间的并置所产生的色彩调和。主体的色彩倾向规范了画面的主色调，它们在面积及数量上占有绝对的优势；附调的色彩体系需要充分考虑与主调色彩的关系，构建合适的色彩对比效果。视觉元素中色彩的设定关系要考虑到主次、强弱、对比等视觉效果，在对比中兼顾统一，为用户营造缤纷的视觉盛宴。

2. 色彩运用体系

UI 设计中的色彩运用能够赋予作品以深层次的美感、生机与活力，使色彩具有强烈的视觉冲击力，进而彰显作品的艺术魅力。色彩应用的整体感，不仅应该遵照交互设计的整体格调与风格来确定，与交互设计的内容、形式构成相统一，同时还要注重个体风格的独立性。色彩配置除了协调之外，还要充分运用色相、纯度、明度的对比关系来共同辅助建构统一的色彩体系。

对于色彩的选择，需要注意以下几点。

（1）色彩与年龄段。针对不同年龄的用户人群，色彩基调的选择也要有所侧重。

① 针对青少年用户时，要依照儿童的审美能力、年龄特征以及心理特征进行分类。一般采用比较鲜明艳丽的色彩来增加画面的活泼感、生动氛围及趣味性。通常运用高饱和度的明艳色调，同时减弱色相对比力度来增强色调的调和感，为他们打造出生机勃勃、充满童话气息的设计作品。但针对年龄层次较高的青少年会稍有不同。

② 针对青年人朝气蓬勃的特点，以及变化丰富的生活节奏，应该避免过于花哨的色彩对比。理性的、鲜明的色彩对比可以产生活泼的、时尚的现代感，这种氛围容易与青年人产生共鸣。

③ 大多数中老年人都不是特别钟爱对比强烈的、刺激的色调，所以对于他们更适合柔和的色彩应用。值得注意的是在需要强调的区域，UI 设计师不得不应用一些高饱和度的强烈色彩来增加界面信息的辨识度时，应注意面积的应用以及与周围色调的搭配关系。在色彩的色相、纯度、明度对比之间凸显其中一种对比关系即可，这样可以降低色彩对比过于强烈给用户带来的强烈刺激。

（2）色彩的色调选择

① 明色调：即明度较高的色调，是在纯色中加入大量白色生成的颜色。表现特点是清新、自然、明朗。

② 浊色调：即饱和度较低的色调，是在纯色中加入亮灰或者暗灰生成的颜色。其表现特点是柔和、沉稳、厚重。

③ 鲜亮色调：即饱和度较高的色调，是不掺杂黑、白、灰的鲜艳纯色色调。其表现特点是热烈、活力、激情、刺激。

④ 暗色调：即明度较低的色调，是在纯色中加入黑色生成的色调。其表现特点为威严、庄重、严谨。

（3）色彩的使用面积及韵律。在调和画面色彩时，总的原则是总体协调、局部对比。所以颜色之间的面积分配和布局尤为关键，其中涉及局部与局部、局部与整体的色彩分布。色彩的应用可以形成渐变、重叠、聚散等形式特点，设计师根据具体情况适当地应用这些形式美感来增强用户界面的感染力和氛围。色相的不同面积应用在画面中形成了点、线、面的关系，同时色彩的明度和纯度属性产生了黑、白、灰的相互关系，对于设计师来讲，搭配和协调这些关系的能力尤为重要。色彩之间的分布与配合需要仔细斟酌（图 7-4）。

（4）背景色彩。背景色的深浅是判断高调与低调的关键因素。背景色浅的页面容易形成高调，背景色深的页面容易形成低调。以深底色为例，页面之中的其他视觉元素就需要配以高明度的色彩来相互衬托，反之，底色浅，就需要应用低明度的色彩体系。但要注意的是，这种明度变化使用的前提是不能影响用户的正常阅读。如果只是一味地追求艺术效果而忽视了信息传递的功能性和舒适性，就会对用户的阅读造成严重障碍，进而导致交互程序的中止。

图 7-4 以帮助盲人为主题的公益活动 UI 设计方案 / 学生作业（王艺蒙）

六、标题字体及图形字体设计

1. 装饰字体

装饰字体自中世纪产生，一直沿用至今而经久不衰。这种字体设计的技巧可以有效地对文字信息进行区分，利于文本层次，可增强版面视觉效果及易读性。

2. 图形化文字

图形化文字本身能表达含义，同时其造型形态也能很好地展现美感，即兼有传递信息的功能和视觉上的审美功能。通常运用色彩关系、笔画粗细、结构形态、空间关系、图形联想等处理手法来表达特定需求及调性。常见的处理手法有字体图形化变形及联想、文本轮廓图形化、特排字体组合等。

3. 符号化

符号化字体即字体兼顾图形的特征和作用。用字体代替图形，将抽象的文字结合具象的图形共同产生丰富的联想，其中涉及图形与字体之间的图形创意组合技巧的运用；同理，图形也可以字体化，以抽象字母的结构为仿形的依据进行变形。这种结合和联想可以从造型本身的相似性出发，也可以由事物内在的逻辑因果关系和事理关系出发。

第三节　多元的网络交互平台

在当代社会中，信息充斥着我们的生活，而多种信息终端设备的发展丰富了交互设计的展示平台。网络传播的优势也在这些移动终端上被广泛地体现出来，丰富着人们的阅读空间和信息交换空间。

网络交互是指在网络文化语境中，借助计算机、网络技术来获取文本等多媒体合成信息和知识的交互行为，进而协助用户完成有意义的建构。信息以超文本链接相互关联和跳转为存在方式，网络交互的优势如下。

① 有丰富的信息资源、生动的叙述方式、便捷的信息搜索；可同时突破时间、空间的限制，方便浏览来自世界各地的海量信息资源。获取环境的开放性，使得用户的交互行为变得更加便捷。

② 可增强用户参与的主体能动性，获得更多阅读自由。网络的互动性优势，使用户可以在阅读之后发表自己的见解，与传统阅读相比，这种能动性激发了更多的创意思维的产生。

③ 信息时效性强，网络文献发行简单快捷，传送速度快。

④ 共享性高，可同时存在于多重网络空间中。

如今已经进入纸质与电子并存的媒介时代，网络交互正成为全社会的一种新的信息获取方式。同时，技术的发展也使信息的获取呈现多元化趋势发展，推动阅读方式及阅读内容的多样化及丰富度，使人们在阅读时不再受时间和空间的限制，极大地缩短了知识和信息的传播周期。网络已经成为人们获取信息、扩大交流范围的一个重要方式。动态影像、声音、动画、多维平面元素与文字信息，都增强了网络互动的趣味性和吸引力，抓住了用户的眼球，成为人们生活中不可或缺的一部分。

一、商品类网页

传统购物体验中，人们需要通过翻阅特定的杂志和宣传册或是亲身走进商店去体验和了解产品。随着媒介的多样化，人们通过商品类网页，能够对所需购买的商品信息一目了然，甚至多维的增强现实设计可将用户体验一并虚拟出来。这些诱惑力更能有效地吸引潜在消费者的目光，提高商业行为的成功率。大量的商品信息更新、与消费者的及时互动及反馈、方便灵活的商品推广形式、购物时间的灵活性等，都成为用户体验的推动力。

二、信息类网页

　　信息类网页设计通常不需要太过于花哨的视觉语言及风格，更多的是注重实实在在的信息呈现及传递的功能性。在这类网站的设计中，需要更快地协助读者找到他所需要的信息内容，所以网页的结构分类要更加理性、清晰。优质的导航功能设定会帮助用户更快速、便捷地检索整个网站信息及收获所需信息（图 7-5、图 7-6）。

图 7-5　TED 在阿姆斯特丹发起的"人性"为主题的活动交互网站

图 7-6　推介费城文化艺术的门户网站

三、时尚类网页

　　时尚类网站侧重应用新鲜、流行的视觉设计元素来营造时尚的氛围。交互设计往往更加新奇、独特，更具吸引力，UI 设计师的巧妙创意会给用户带来意想不到的创意和视觉冲击力。

四、趣味性网页

在趣味性网页设计中，不乏绚丽的互动效果和有趣的视觉呈现。大量的动态及互动因素总会为用户带来意料之外的惊喜和魅力。它也会在传递信息的同时激发用户的大脑，充分调动和激发用户的想象空间（图7-7）。

五、个性网页

从互动性和视觉效果上来看，一些独立设计师的介绍网页以及与设计活动相关的设计类网页更具有优势。同时，这些网页的交互方式会与常规网页大相径庭。用户在浏览网页信息时，兴趣和惊喜被充分调动起来，从而增加用户的交互欲望以及体验感（图7-8、图7-9）。

图7-7 纺织艺术家 Cat-Rabbit 的网站

图 7-8　Drinkzzz 卡通图形交互网站

图 7-9　"Bio-Bak"图形传播大奖网站设计

第四节　电子读物

　　电子读物又称电子出版物，即将文字、图像、视频、音频等资源通过软件整合在一起，制作成资源包或应用程序，用户通过电子阅读器及具体应用程序进行阅读。随着科技的进步，电子读物的传播方式也更加多样化。其潜在的活力和表现力给人们带来便利的同时也在无形中为传统的纸媒介带来冲击。从价格或者环保的角度来讲，电子读物优于实体书籍，却牺牲了实体书的物质性。虽然媒介的海量信息和更新速度是书籍无法比拟的，但是手指触摸纸张的感觉、翻动书页的声音、淡淡的书香气味，这些所营造出的阅读氛围，是荧光屏幕无法提供的。人们在手与纸的接触中，享受着文化带来的巨大快乐。作为印刷媒介的书籍，能够让读者沉浸在书籍内容和氛围之中，让读者尽情感受纸张和印刷工艺的物质魅力，带给读者真实真切的阅读体验。

　　人们早已习惯性地将纸张作为书本的传播媒介，但是随着媒介的多元化发展，新媒介电子读物走进了人们的视线。在非物质化的时代，电子读物的出现打破了传统的书籍形式。书本所要传达的信息不再仅仅是依附于纸张上，而是也可以通过信息流的形式存在。这种出版物极大地丰富了观赏性、娱乐性和互动性，读者能体会到更强烈的真实感和互动感。这些优势使得电子读物具有了强大的发展潜力与前景。在设计上，一定要充分考虑不同年龄用户的特点，不能过于偏重花哨的表现形式而忽略掉信息传递的本质，进而把信息高效且清晰传播的本质功能表达出来。所以在设计和规划电子读物的时候，要将平面元素、动态影像、互动按钮等视觉元素合理组合在一起，兼顾时尚感、互动性、趣味性的同时，让读者的阅读过程成为一种交换信息的享受（图7-10）。

图7-10　来自英国伦敦的《新想法》杂志

第五节　经典案例分析

随着新媒介的不断发展，媒介之间的相互转换应用成为必然趋势，进而更新了信息承载的方式。UI 设计师应该顺应时代的变化，通过设计整合与融合来创造出更多体现人文关怀、社会关怀的应用项目和作品。从日常生活中汲取创作灵感，从受众和用户的角度来深度思考问题，才能更好地为大众服务。

一、Frog 团队案例分析

1. "数字零售"

美国创意设计公司 Frog Design 在行业内部率先将工业产品设计与 UI 设计及数字媒体技术进行整合。2009 年，Frog Design 与英特尔公司共同合作设计了标准化交互式数字标牌。它可以允许多名用户一起使用，主体采用多触点 LCD 显示屏和激光全息玻璃。在网络购物平台日益成为主流、实体商店面对巨大的经营压力的商业环境中，将网络购物的优势填补到线下购物中来，丰富线下购物的体验，为其注入更多的活力，吸引更多的客户。这个概念运用了英特尔公司的芯片、7ft（2.1336m）高的透明触摸屏及虚拟现实技术构建了一种全新的用户消费体验。这是传统商场寻求更多的可能来战胜网上购物的一次很好的尝试，它可以改变人们在商场、机场、银行等公共场所的交互方式。用户可以在显示屏上调出具体商品的信息，也可以将这些信息即时发送到自己的手机上，同时店内导购图也可以帮助人们更快、更准地找到所需要的商品（图 7-11）。

图 7-11　数字零售模式体验场景

2. 实体销售点及零售销售终端概念

2009 年，Frog Design 和英特尔公司合作，针对在线网上购物的缺点创建实体销售点及零售销售终端（POS）概念来丰富消费体验。以服装销售为例：对于消费者来讲，都想在购买商品之前试穿一下，并站在镜子前看看效果。所以 Frog 设计团队的零售销售终端概念就是基于这个用户需求。在线购物和真实世界购物相结合的设计理念，使设计的最终成果成为一个丰富的多媒体互动体验，它降低了网购对消费者的吸引力，把客户重新拉回到现实的商店中（图 7-12）。

图 7-12　实体销售点及零售销售终端概念

3. "助您一臂之力"

2010 年，Frog Design 与 PopTech、iTeach、Praekelt、爱瑞森特 (Aricent)、诺基亚、西门子以及其他众多合作者合作的 M 项目（M 是 Masiluleke 的缩写，祖鲁语的意思是"助您一臂之力"）是采用移动技术来解决社会问题的一个实际案例。南非夸祖 - 纳塔尔省是全球艾滋病最猖獗、人群感染率已超过 40% 的地区，通过交互程序可将检测、阻断、防患等多重环节与广大群众组织起来，共克难关（图 7-13）。

图 7-13   "助您一臂之力"项目图

二、分享未来"视界"

科技的发展，使人类获取信息的模式不断发生变化，其主要体现在与人交互的物质载体的变迁上。从最古老的方式——将文字和图形雕刻在石头和木头上，到后来的竹简、帛书，再到纸张的发明，人类的阅读方式发生了质和量的改变和飞跃。同样，在网络极大发展的今天，人们交换信息的方式有了前所未有的提升空间。未来的"视界"充满无限可能。正如美国麻省理工学院的教授尼葛洛庞蒂（Negroponte）所描述："当科技产业出现 DNA 计算机、微型机器人与纳米科技等飞跃时，人类也将进入一个可以解读生化科技、操控自然并实现外层空间旅行梦的新纪元。"目前，计算机正不断微型化和普及化，并且被置入交通工具、家电等与人相关的生活场景中，人工智能时代也在逐渐变得更加清晰。

如今我们的生活越来越离不开智能手机，它延伸和拓宽了我们自身的物理能力和极限，比如手机可以让我们看得更远，听得更远。同时，随着感应器和接收器的微型化和普遍应用，也许我们的身体可以通过这些装置直接将外部数据植入我们的大脑，也可以将信号直接投放到环境中，进而影响和调节我们的周遭环境。随着技术的发展，交互设计会变得更加直接和普及，也许任意一种人类行为的沟通模式都用交互接口以及用户界面来解决。我们直接通过用户界面来进行信息交换。交互设计也会成为人类跨越各种物理极限的发展历程的直接见证。

在万物互联的大数据时代，"未来式的环境扩充场景"也许即将成为现实：我们生活中的各种需求以信息的方式直接与具体的生活用品、产品、服务相连接——生活中即将耗尽的消费品会直接发送信号给新的商品；相关的网络服务会帮助我们安排快递；账单会自动与银行系统对接；快递服务会交由专属的飞行器帮我们送达，以减轻和缓解交通压力；每个家庭会配备专属的快递接收装置，且通过滑道直接与家中的储物间相连。我们只需要在用户界面中确认和点选即可。未来的生活将是充满无限魅力的（图 7-14～图 7-16）！

图 7-14　Priestman Goode 公司针对新冠疫情时期独立的旅客个人空间设计

图 7-15　Priestman Goode 公司竹蜻蜓快递设计

图 7-16　Priestman Goode 公司太空旅行舱设计

参考文献

[1] 原田秀司. 多设备时代的 UI 设计法则：打造完美体验的用户界面 [M]. 付美平，译. 北京：中国青年出版社，2016.

[2] 杰夫·约翰逊. 认知与设计：理解 UI 设计准则 [M]. 张一宁，译. 北京：人民邮电出版社，2011.

[3] 比尔·莫格里奇. 关键设计报告：改变过去影响未来的交互设计法则 [M]. 许玉铃，译. 北京：中信出版社，2011.

[4] 戴维·达博纳，席娜·卡尔弗特，阿诺基·凯西. 新编英国平面设计基础教程 [M]. 汤凯青，译. 上海：上海人民美术出版社，2010.

[5] 加文·安布罗斯，保罗·哈里斯. 文字设计基础教程 [M]. 封帆，译. 北京：中国青年出版社，2008.

[6] 鲁道夫·阿恩海姆. 艺术与视知觉：视觉艺术心理学 [M]. 滕守尧，朱疆源，译. 北京：中国社会科学出版社，1984.

[7] 史蒂文·海勒，西摩·切瓦斯特. 平面设计 200 年 [M]. 徐恒迦，译. 上海：文汇出版社，2020.

[8] 弗雷德·S. 克莱纳. 加德纳艺术通史 [M]. 李建群等，译. 15 版. 长沙：湖南美术出版社，2019.